含稀土镁合金的
性能及应用

赵亚忠 著

U0228794

化学工业出版社

·北京·

内 容 简 介

《含稀土镁合金的性能及应用》以稀土在镁合金中的作用为主线，阐述各类稀土镁合金的合金化、稀土合金相及其演化规律、稀土对镁合金铸造及塑性加工的影响、含稀土镁合金的性能等，并简要介绍了稀土镁合金在汽车、航天、家电等领域中的应用。

《含稀土镁合金的性能及应用》对镁合金稀土合金化研究具有一定的参考价值，可供高等院校和科研院所的师生、研究人员阅读参考，也可供从事镁产业和镁合金生产的技术人员参考。

图书在版编目（CIP）数据

含稀土镁合金的性能及应用/赵亚忠著 . —北京：化学工业出版社，2020.11(2021.11重印)

ISBN 978-7-122-37954-2

Ⅰ.①含⋯ Ⅱ.①赵⋯ Ⅲ.①稀土金属-作用-镁合金-研究 Ⅳ.①TG146.2

中国版本图书馆 CIP 数据核字（2020）第 218700 号

责任编辑：陶艳玲　　　　　　　　　　文字编辑：林　丹　段曰超
责任校对：宋　玮　　　　　　　　　　装帧设计：刘丽华

出版发行：化学工业出版社（北京市东城区青年湖南街 13 号　邮政编码 100011）
印　　装：天津盛通数码科技有限公司
710mm×1000mm　1/16　印张 12½　字数 244 千字　　2021 年 11 月北京第 1 版第 2 次印刷

购书咨询：010-64518888　　　　　　　售后服务：010-64518899
网　　址：http://www.cip.com.cn
凡购买本书，如有缺损质量问题，本社销售中心负责调换。

定　　价：79.00 元　　　　　　　　　　　　　　　　　版权所有　违者必究

前 言

镁合金在性能上具有鲜明的特点，比如质轻、高阻尼、电磁屏蔽、可回收等，目前已广泛应用在航空航天、汽车、军工、3C等行业。镁在地壳中储量丰富，用之不竭，在铁和铝资源逐渐匮乏的前景下，镁合金具有一定的长期资源优势。我国早已成为原镁的生产及出口大国，2016年我国镁产量达91万吨，出口36万吨。同时我国也是稀土资源的开发和使用大国，在稀土方面我们具有更大的优势。如何将我国镁和稀土的资源优势转化成为经济优势，开发高性能稀土镁合金是重要举措之一。

镁晶体结构使其与铝合金和钢铁材料相比在许多方面具有一定的劣势。其强度不如二者，难于塑性加工，耐腐蚀性差需要表面防护，耐热性能差容易高温氧化等。这些均是限制其推广应用的基本原因。镁合金成为研究热点已多年，材料工作者已尝试多种方法提高镁合金使用性能和加工性能。其中重要的方法就是添加稀土元素，稀土元素对镁合金铸态性能、变形态性能、材料加工性能都有非常有益的作用。

从内容上，本书分为5章：第1章为稀土镁合金简介；第2章为含稀土镁合金的铸态组织性能；第3章为含稀土镁合金的变形行为及变形态性能；第4章为含稀土高强和耐热镁合金及其应用；第5章为其他含稀土镁合金及其应用。

全书由南阳理工学院赵亚忠著。作者在写作时参考了大量中外文献，也参考了部分网络资源，在此谨向这些文献作者表示由衷感谢，并在章后予以列出。同时，感谢重庆大学与笔者一起工作过的课题组教师和同学。

本书内容丰富、系统性强，对从事镁合金研究者具有一定的参考价值。本书可供高等院校和科研院所从事镁合金研究的教师、科研人员以及材料专业学生使用，也可供从事镁合金生产的技术人员参考。

由于水平有限，书中难免有不足之处，欢迎广大读者批评指正，一同探讨研究。

赵亚忠
2020 年 11 月

目 录

第4章
含稀土高强和耐热镁合金及其应用 / 091

第5章
其他含稀土镁合金及其应用 / 134

第1章

稀土镁合金简介

镁合金属于轻质金属结构材料,因其具有比强度比刚度高、电磁屏蔽性能好、减震降噪性能好、加工性能优良、易于回收等特点,在航空航天、电信电子、交通运输和机械制造等领域得到广泛的应用。稀土是镁合金的重要合金元素,采用稀土对镁合金进行合金化可以有效地改善镁合金的组织性能。我国具有丰富的镁资源和稀土资源,同时具有广大的镁合金应用市场,在我国开发高性能稀土镁合金具有资源优势和实际应用意义。

1.1 稀土金属简介

1.1.1 稀土元素

通常认为稀土元素包括钇(Y)、钪(Sc)二个元素和镧系元素,共17个元素。镧系元素为原子序数从57~71的元素,分别为:镧(La)、铈(Ce)、镨(Pr)、钕(Nd)、钷(Pm)、钐(Sm)、铕(Eu)、钆(Gd)、铽(Tb)、镝(Dy)、钬(Ho)、铒(Er)、铥(Tm)、镱(Yb)、镥(Lu)。钇(Y)的原子序数为39,钪(Sc)的原子序数为21,这二个元素的原子半径和电化学性质与镧系元素相近,因此它们与镧系元素一起组成稀土元素的大家庭。稀土元素常用符号"RE"或者"R"表示。其中钷具有放射性,在一般应用时经常被排除在外,因而也认为稀土元素只有16个。

根据原子量的大小,稀土元素可划分为轻镧系和重镧系两个分族:轻镧系也称为轻稀土，包括 La、Ce、Pr、Nd、Pm、Sm、Eu 共 7 个元素；重镧系也称为重稀土，包括 Gd、Tb、Dy、Ho、Er、Tm、Yb、Lu 共 8 个元素。有些情况下把原子量位于中间的 Sm、Eu、Gd 三种元素称为中稀土。特别地，把钇元素与重镧系放在一起统称为钇族稀土。

稀土金属不仅指单独的稀土元素，由于稀土性质相近，各元素单独提炼出来有难度且成本高，有时稀土金属也指几种稀土原子的集合体，称为混合稀土。

根据出售的稀土金属的纯度可略分为：稀土粗金属（90%～98%）、纯金属（>99%）和高纯稀土金属（>99.99%）。这里的含量指该金属在产品中的质量分数，通常是以 100% 减去稀土金属杂质和非稀土金属杂质之和而得（如果没有特别注明，本书中的含量均指质量分数）。

除了稀土纯金属外，工业上和市场上混合稀土金属也很常见。依据含稀土元素种类不同、元素含量不同以及用途不同，混合稀土大体分为以下 9 个品种。

① 富铈混合稀土金属　相对纯度为 98%～99%，含 Ce 为 45%～51%、La 为 23%～28%、Pr 为 5%～7%、Nd 为 12%～17%、非稀土杂质为 1%。

② 富镧混合稀土金属　相对纯度为含 La 40%～90%，非稀土杂质 1.0%～1.3%。

③ 不含钕的混合稀土金属（又称为镧铈铈 LPC 混合稀土金属）　含 Ce 为 60%～62%，La 为 30%～32%，Pr 为 6%～8%。

④ 未分离的混合轻稀土金属　含 Ce 为 45%～50%，La 为 22%～28%，Pr 为 5%～7%，Nd 为 12%～17%，Sm、Eu、Gd、Y 等约为 3%。

⑤ 不含钐的混合轻稀土金属　含 Ce 为 50%，La 为 30%，Pr 为 6%～7%，Nd 为 13%～17%。

⑥ 提取部分铈和钕后的混合稀土金属　含 La 为 78%～84%，Pr 为 5%～12%，Ce 为 5%～10%，Nd<1%。

⑦ 低铁、低锌、低镁电池级（镍-氢电池用）混合稀土金属　含稀土金属总量 99.5%，非稀土金属杂质 Fe<0.2%、Mg<0.01%、Zn<0.01%、O<0.05%、C<0.03%。

⑧ 钕、镨混合稀土金属　含 Nd 为 70%～85%，Pr 为 15%～30%。

⑨ 富钇稀土金属　含 Y>75%，其他稀土总和<25%。

混合稀土金属其实也可称为混合稀土合金，是某种稀土金属与一种或其他多种稀土金属组成的合金。在本书中，混合稀土用 MM 表示，富 Y 混合稀土用 Ymm 表示，其余类同。

1.1.2　稀土金属的电子构型及其物理性质

1.1.2.1　稀土原子和稀土离子的电子构型

稀土金属原子或离子的电子结构是稀土金属物理和化学性质的基础[1~3]。根据原子结构模型和电子填充规则，稀土元素中钪、钇和镧系原子的电子结构表示如下：

Sc 原子：$1s^2 2s^2 2p^6 3s^2 3p^6 3d^1 4s^2$；

Y 原子：$1s^2 2s^2 2p^6 3s^2 3p^6 3d^{10} 4s^2 4p^6 4d^1 5s^2$；

镧系原子：$1s^2 2s^2 2p^6 3s^2 3p^6 3d^{10} 4s^2 4p^6 4d^{10} 4f^n 5s^2 5p^6 5d^m 6s^2$。

因此镧系稀土的电子构型均可用 $[Xe]+4f^n 5d^m 6S^2$ 表示，其中 $[Xe]$ 表示元素氙的电子构型：$1s^2 2s^2 2p^6 3s^2 3p^6 3d^{10} 4s^2 4p^6 4d^{10} 5s^2 5p^6$。对镧系稀土元素来说，在 4f 轨道中电子数 $n=0\sim14$，5d 轨道中的电子数 $m=0$ 或 1，故在镧系的 4f 轨道中共可容纳 14 个电子。

钪、钇和镧系离子的特征价态为 +3，当它们形成正三价离子时，钪原子失去最外层的 2 个 4s 电子和 1 个 3d 电子；钇原子失去最外层的 2 个 5s 电子和 1 个 4d 电子；镧系原子失去最外层的 2 个 6s 电子和 1 个内层的 4f 电子；而对于 La、Ce、Gd 和 Lu，则是失去最外层的 2 个 6s 电子和 1 个 5d 电子。三价稀土离子的核外电子构型如下。

Sc^{3+} $1s^2 2s^2 2p^6 3s^2 3p^6$；

Y^{3+} $1s^2 2s^2 2p^6 3s^2 3p^6 3d^{10} 4s^2 4p^6$；

Lu^{3+} $1s^2 2s^2 2p^6 3s^2 3p^6 3d^{10} 4s^2 4p^6 4d^{10} 4f^n 5s^2 5p^6$。

因为镧系元素三价离子的最外层电子均为 $5s^2 5p^6$，所以它们具有非常相近的化学性质，常常在同一种矿物中伴生，也很难用化学方法把它们区分开来，在其他工业中使用时它们的作用非常近似。所不同的是，随着原子序数增大，镧系元素在 4f 内层填充电子数量，逐步增多。其中的镧（La^{3+}）没有 4f 电子（4f^0），至镥（Lu^{3+}）时全部填满了 14 个 4f 电子（4f^{14}）。在 4f 层上电子数目的不同也会给性能造成一定的差异，使不同元素在合金中的固溶度不同，所生成的金属间化合物的成分、结构以及熔点、硬度等性质也不相同。不同的稀土元素在合金中的作用不尽相同，有待研究探索。

1.1.2.2 稀土原子和离子的大小

在合金中，各合金元素原子和离子的大小起着十分重要的作用。比如二元化合物中两个相对大小不同的原子可以决定原子堆积的类型；两个元素的原子半径差越小，则其固溶度越大。

稀土元素的原子半径和三价离子半径见表 1-1。镧系金属原子半径从镧到镥逐渐减小，共缩小 14.3×10^{-12} m，约收缩 7.6%。这符合元素周期表半径规则，即同一周期元素从左往右原子半径减小。镧系相邻元素之间原子半径差值较小，相对非过渡金属以及其他过渡金属来说是反常的，这种现象我们称之为镧系收缩。对于三价镧系金属离子，从 La^{3+} 到 Lu^{3+} 离子半径共减少 21.3×10^{-12} m，大约收缩了 15.8%。Y^{3+} 的离子半径（101.9×10^{-12} m）位于重镧系的 Dy^{3+}（102.7×10^{-12} m）和 Ho^{3+}（101.5×10^{-12} m）之间，Y 的原子半径（180.1×10^{-12} m）接近轻镧系的 Sm（180.2×10^{-12} m），因此 Y 常与镧系在一起，并且 Y 在镧系中的位置随化合物化学键共价程度的不同而变化。

☐ 表 1-1 稀土元素的原子半径和三价离子半径[4]

原子	原子半径/m	三价离子	离子半径/m（配位数 8）
La	187.7×10^{-12}	La^{3+}	116.0×10^{-12}
Ce	182.5×10^{-12}	Ce^{3+}	114.3×10^{-12}
Pr	182.8×10^{-12}	Pr^{3+}	112.6×10^{-12}
Nd	182.1×10^{-12}	Nd^{3+}	110.9×10^{-12}
Pm	181.0×10^{-12}	Pm^{3+}	—
Sm	180.2×10^{-12}	Sm^{3+}	107.9×10^{-12}
Eu	204.2×10^{-12}	Eu^{3+}	106.6×10^{-12}
Gd	180.2×10^{-12}	Gd^{3+}	105.3×10^{-12}
Tb	178.2×10^{-12}	Tb^{3+}	104.0×10^{-12}
Dy	177.3×10^{-12}	Dy^{3+}	102.7×10^{-12}
Ho	176.6×10^{-12}	Ho^{3+}	101.5×10^{-12}
Er	175.7×10^{-12}	Er^{3+}	100.4×10^{-12}
Tm	174.6×10^{-12}	Tm^{3+}	99.4×10^{-12}
Yb	194.0×10^{-12}	Yb^{3+}	98.5×10^{-12}
Lu	173.4×10^{-12}	Lu^{3+}	97.7×10^{-12}
Y	180.1×10^{-12}	Y^{3+}	101.9×10^{-12}
Sc	164.1×10^{-12}	Sc^{3+}	87.0×10^{-12}

为什么镧系离子半径收缩大（约 15.8%），而原子半径收缩（7.6%）较小？这是因为 4f 电子对核内核电荷屏蔽系数不同，在原子中 4f 电子的屏蔽系数比在离子中大，所以镧系收缩在原子中的表现比在离子中小。

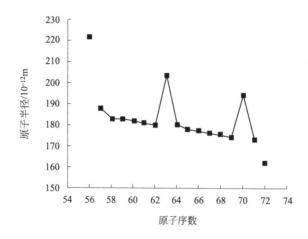

图 1-1　原子序数对稀土元素原子半径的影响[5]

原子序数对稀土元素原子半径的影响如图 1-1 所示。从图可见镧系金属原子半径随原子序数增大而缩小的关系中，在铕和镱处呈现"双峰效应"，在铈处也表现"异常"。金属的原子半径大约为原子核中心与最外层电子云密度最大之处的距离。单个金属原子的最外层电子云与相邻原子的相互重叠，它们在晶格间自由运动，成为传导电子。稀土金属中每个原子的这种离域的传导电子通常为三个。但是铕和镱原子只提供两个离域电子，原子的外层电子云与相邻原子的重叠少，使原子有效半径增大。与此相反，铈原子的 4f 中仅有一个电子，它一般提供位于 $4f^1 5d^1 6s^2$ 中的 4 个离域电子，相邻原子的最外层电子云重叠多，使铈原子半径较小。

1.1.2.3 稀土元素的价态

稀土元素的最外两层电子组态基本相似，在化学反应中表现为典型的金属性质，大多容易失去三个电子呈现正三价。稀土的活泼性仅次于碱土金属，但不像碱金属那样过于活泼而不便处理，而又比其他金属都活泼。在稀土金属中，镧最活泼，从镧到镥活泼性递减；也可以说，稀土金属活泼性由钪→镥→钇→镧而递增。

虽然三价稀土离子较稳定，但在不同环境、不同条件下，稀土又呈现混合价、价态起伏变价的情况。已发现不少四价稀土离子，诸如 Ce^{4+}、Pr^{4+}、Tb^{4+}、Nd^{4+} 和 Dy^{4+} 等；也已制得不少二价稀土离子，诸如 Sm^{2+}、Eu^{2+}、Yb^{2+}、Nd^{2+}、Tm^{2+} 和 Ho^{2+} 等。新的变价稀土元素也陆续有报道。

稀土中镧原子 4f 轨道没有电子（$4f^0$），钆 4f 轨道半充满（$4f^7$），镥 4f 轨道全充满（$4f^{14}$），它们具有相当稳定的三价。与这三种元素邻近的元素变价倾向大，使其离子趋向于形成稳定的 $4f^0$、$4f^7$ 和 $4f^{14}$ 三种电子构型。在元素周期表中 La 和 Gd 右侧邻近元素倾向于氧化成高价离子（如 Ce^{4+} 和 Tb^{4+} 等）；Gd 和 Lu 左侧的近邻元素倾向于还原成低价离子（Eu^{2+} 和 Yb^{2+} 等）。可将整个镧系分为 La～Gd 和 Gd～Lu 两个周期，离 La、Gd、Lu 远的镧系元素变价倾向大于后一周期（Gd～Lu）中相应位置的元素，如 $Ce^{4+}>Tb^{4+}$，$Pr^{4+}>Dy^{4+}$，$Eu^{2+}>Yb^{2+}$，$Sm^{2+}>Tm^{2+}$。

广义而言，稀土原子簇化合物属于非三价稀土离子的范畴。所谓稀土原子簇化合物，是指含有三个或三个以上金属原子（其中至少有一个稀土原子）及若干桥联及端基配体，稀土原子间或稀土与其他金属原子间存在金属-金属链的化合物。资料中较多的是氢还原的稀土金属卤化物，其中人们对 REX_3/RE（X 代表卤化物）研究得多一些。在熔盐电解稀土金属或合金中类似现象不少，有待深入系统地研究。

在含稀土有色合金中，由于原子间的相互作用，容易使稀土电子的能态发生变化，产生稀土价态起伏波动的稀土金属间化合物。以 Mg-RE 二元合金为例，已出现的金属间化合物有：Mg_5RE、Mg_3RE、$Mg_{15}RE_3$、$Mg_{24}Y_5$、$Mg_{11}Nd$、Mg_6Gd、$Mg_{6.3}Sm$、$Mg_{24}Er_6$、Mg_2Yb、$CeMg_{12}$、$CeMg_{10.3}$、Ce_5Mg_{41}、$CeMg_3$、

$CeMg_2$、$CeMg$ 等。在稀土三元合金中呈现的金属间化合物更多，例如 Mg-Gd-Y 合金中就有 $Y_xGd_{1-x}Mg_2$、$Y_xGd_{1-x}Mg_3$、$Y_xGd_{1-x}Mg_5$ 等金属间化合物。稀土合金中形成的某些金属间化合物熔点高、热稳定性高，以细小颗粒弥散分布于晶内或晶界，成为位错移动或晶界滑移的阻抗者，有力地提升了稀土合金高温力学性能等，因此，学者对稀土合金有很大的兴趣，对其晶体结构、组织性能进行了大量的研究。

1.1.2.4　稀土金属的电负性

电负性表示组元（原子）吸引电子的能力，是影响两元素间物理化学反应的重要因素。电负性大的元素成为负离子，电负性小的元素成为正离子。两个元素之间电负性差值越大，所形成的化合物越稳定；相反，元素之间电负性差值越小，则趋向于形成溶液或固溶体。

稀土金属的电负性值较小，列于表 1-2 中。

⊡ 表 1-2　稀土金属的电负性值[6]

金属	电负性/V	金属	电负性/V	金属	电负性/V
Sc	1.27	Pm	1.20	Ho	1.21
Y	1.20	Sm	1.18	Er	1.22
La	1.17	Eu	0.97	Tm	1.22
Ce	1.21	Gd	1.20	Yb	0.99
Pr	1.19	Tb	1.21	Lu	1.22
Nd	1.19	Dy	1.21		

镧系元素除铕和镱外，它们的电负性相近，都在 $1.17 \sim 1.22$ 之间，这些数值与镁的电负性值相近，而铕和镱[7] 的电负性值不在这个范围，它们略低于 1。钪的电负性值为 1.27，相比而言钪与相同元素生成的金属间化合物的热稳定性更大。

1.1.2.5　稀土的晶体结构

室温下稀土元素常具有密排六方结构，其轴比 c/a 接近于 1.6。从钇到镥的所有稀土元素（除镱以外）以及钪和钇都具有类似的结构，见表 1-3。绝大多数稀土元素存在同素异构体，在高温时为体心立方结构，低温时多为密排六方结构，少数如镧、镨、钕等低温时为双-c 密排六方结构，其 c_0/a_0 近似为 3.22。

钐有完全独特的菱形晶体结构，在该杂化六方单胞 c 轴的长度大约是一般六方结构 c 轴长度的 4 倍。铕具有钨型体心立方结构，致密度较低。

随原子序数的增大，室温下三价稀土晶体结构的变化顺序为：面心立方→密排六方（或双轴密排六方）→菱形→密排六方。

原子序数	同素异形体	温度范围/℃	晶格	皮尔逊符号	空间群	模型
21	αSc	<1337	hcp	hP2	P6₃/mmc	Mg
	βSc	1337~m. p.	bcc	cI2	Im3m	W
39	αY	<1478	hcp	hP2	P6₃/mmc	Mg
	βY	1478~m. p.	bcc	cI2	Im3m	W
57	αLa	<310	dhcp	hP4	P6₃/mmc	αLa
	βLa	310~865	fcc	cF4	Fm3m	Cu
	γLa	865~m. p.	bcc	cI2	Im3m	W
58	αCe	低于 RT	fcc	cF4	Fm3m	Cu
	βCe	低于 RT	dhcp	hP4	P6₃/mmc	αLa
	γCe	<726	fcc	cF4	Fm3m	Cu
	δCe	726~m. p.	bcc	cI2	Im3m	W
59	αPr	<795	dhcp	hP4	P6₃/mmc	αLa
	βPr	795~m. p.	bcc	cI2	Im3m	W
60	αNd	<963	dhcp	hP4	P6₃/mmc	αLa
	βNd	963~m. p.	bcc	cI2	Im3m	W
61	αPm	<890	dhcp	hP4	P6₃/mmc	αLa
	βPm	890~m. p.	bcc	cI2	Im3m	W
62	αSm	<734	rh	hR3	R3m	αSm
	βSm	734~922	hcp	hP2	P6₃/mmc	Mg
	γSm	922~m. p.	bcc	cI2	Im3m	W
63	Eu	<m. p.	bcc	cI2	Im3m	W
64	αGd	<1235	hcp	hP2	P6₃/mmc	Mg
	βGd	1235~m. p.	bcc	cI2	Im3m	W
65	αTb	<1289	hcp	hP2	P6₃/mmc	Mg
	βTb	1289~m. p.	bcc	cI2	Im3m	W
66	αDy	<1381	hcp	hP2	P6₃/mmc	Mg
	βDy	1381~m. p.	bcc	cI2	Im3m	W
67	Ho	<m. p.	hcp	hP2	P6₃/mmc	Mg
68	Er	<m. p.	hcp	hP2	P6₃/mmc	Mg
69	Tm	<m. p.	hcp	hP2	P6₃/mmc	Mg
70	αYb	<-3	hcp	hP2	P6₃/mmc	Mg
	βYb	-3~795	fcc	cF4	Fm3m	Cu
	γYb	795~m. p.	bcc	cI2	Im3m	W
71	Lu	<m. p.	hcp	hP2	P6₃/mmc	Mg

注：fcc—面心立方；bcc—体心立方；hcp—密排六方；dhcp—双-c 密排六方；rh—菱形；RT—室温；m. p.—熔点。

1.1.2.6　稀土金属的物理性质

（1）稀土金属的主要物理性质

表 1-4 列出了稀土金属的主要物理性质。除铕外，所有稀土金属都具有密排六方结构，其密度取决于原子质量和原子半径。对于镧系金属，由于镧系收缩和

原子量增加的结果，它们的密度随原子序数增大而增加，从镧到镥约增加 60%。这之间只有铕和镱是例外，它们的原子半径在镧系中异常大，使其密度比相邻稀土元素小。由于钪的原子量较小，因此其密度最小，为 $2.989g/cm^3$。但比镁高 70%，比铝高 10%。钇的原子量比镧系稀土都小，其密度为 $4.469g/cm^3$，介于钪和镧系金属之间。

⊡ 表 1-4　稀土金属的主要物理性质[11, 12]

稀土金属	密度/g·cm⁻³	熔点/℃	摩尔比热容（298K）/J·(mol·K)⁻¹	熔化热/kJ·mol⁻¹	剪切模量/GPa	杨氏（弹性）模量/GPa
Sc	2.989	1541	25.50	14.10	31.3	79.4
Y	4.469	1522	26.50	11.40	25.8	64.8
La	6.146	918	27.10	6.20	14.9	38.0
Ce	6.770	798	26.90	5.46	12.0	30.0
Pr	6.773	931	27.40	6.89	13.5	32.6
Nd	7.008	1021	27.40	7.14	14.5	38.0
Pm	7.264	1042	约27.30	约7.70	16.6	42.2
Sm	7.520	1074	29.50	8.62	12.7	34.1
Eu	5.244	822	27.70	9.21	5.9	15.2
Gd	7.901	1313	37.10	10.0	22.3	56.2
Tb	8.230	1365	28.90	10.79	22.9	57.5
Dy	8.551	1412	27.70	11.06	25.4	63.2
Ho	8.795	1474	27.20	17.00(估)	26.7	67.1
Er	9.066	1529	28.10	19.90	29.6	73.4
Tm	9.321	1545	27.0	16.80	30.4	75.5
Yb	6.966	819	26.70	7.66	7.0	17.9
Lu	9.841	1663	26.80	22.00(估)	33.8	84.4

1.1.3　稀土金属的资源分布

稀土金属被广泛应用于功能材料以及黑色、有色冶金工业。稀土元素化学活性很高，具有细化、净化、孕育、变质、强化、提高耐热性能和改善工艺性能等作用，因此被广泛应用于有色金属冶金和加工领域，用来改善和提高合金性能，开发具有不同性能、功能和用途的新材料。

在地壳内稀土资源丰富，绝对数量很大，但分布非常分散，在地壳中的平均丰度不高。地壳中稀土元素的丰度为：铈、钇、钕丰度最高，均超过 20×10^{-6}，它们在火成岩中的丰度比钨、铅、钼、钴都高；镧、镨、钪的丰度次之，丰度在 10×10^{-6} 以上；铥和镥的丰度最低，均小于 1×10^{-6}。在地壳中稀土元素主要以矿物形式存在，按其存在状态可以分为如下三类。

① 稀土作为矿物的组成元素，在矿物中以稀土离子化合物的形式存在。这类矿物一般称为稀土矿物，常见的矿物有独居石、氟碳铈矿等。

② 在某矿物中稀土属于杂质元素，稀土以类质同象置换的形式在稀有金属矿物或造岩矿物中存在。这类矿物可以称为含有稀土元素的矿物，常见的有磷灰石、萤石等。

③ 稀土元素呈离子状态，被吸附于其他矿物的表面或矿物颗粒间。这类矿物中的稀土元素容易提取，也被称为离子吸附型稀土矿，常见的有某些黏土矿物、云母类矿物。

稀土矿物是以几种矿物复合的形式存在的，因此目前稀土原矿的品位一般不超过 5% REO（REO 指稀土氧化物），只有美国芒廷帕斯的氟碳铈矿品位为 5%～10% REO。

稀土矿物约有 250 多种，但其中具有开采价值的仅有 50～60 种。工业上可开采的轻稀土矿物主要有：独居石、氟碳铈矿、铈铌钙钛矿；可开采的重稀土矿物主要有：磷钇矿、褐钇铌矿、离子吸附型稀土矿、钛铀矿等十几种。

至 2015 年，全球稀土矿石储量有 1.3 亿吨，其中中国占 42.3%，巴西占 16.9%，澳大利亚占 2.46%。2015 年全球稀土产量为 12.4 万吨，其中中国占 84.68%，澳大利亚占 8.06%，美国占 3.31%。美国稀土储量本占全球 10%，但因其将矿物标准上调，使其名义储量大幅降低。

我国稀土的产量和资源储量均居世界第一位。我国稀土资源储量大，类型多，稀土矿物种类丰富，稀土元素相对齐全。除此之外，我国还具有强大的稀土加工能力。

我国主要稀土矿为：a. 内蒙古白云鄂博稀土矿，主要稀土矿物有氟碳铈矿和独居石，其比例为 3∶1；b. 冕宁稀土矿，主要矿物为氟碳铈矿，伴生有重晶石、萤石等矿物，属易选的稀土矿，拥有资源质量优势。c. 微山稀土矿，主要矿物为氟碳铈矿，少量的氟碳铈钙矿、石英、重晶石等矿物。原矿 REO 平均含量为 3.5%～5%，适于坑采。稀土矿物粒度粗，有害杂质含量低，可选性能好，其资源利用率达到 98%。稀土精矿易于深加工分离成单一稀土元素，具有明显的资源质量优势。d. 我国南方七省离子吸附型稀土矿，主要储存于花岗岩风化壳中，是我国特有的中重稀土矿，储量大，品位高，类型齐全，利用我国自主开发的原地浸矿技术，稀土利用率高。江西寻乌等地离子型矿中 Sm_2O_3、Eu_2O_3、Gd_2O_3、Tb_4O_7 分别比美国芒廷帕斯氟碳铈矿含量高 10 倍、5 倍、12 倍和 20 倍，所以，我国南方离子型矿中的重稀土资源，不论资源量还是稀土元素种类分配，是目前任何国家无法相比的，具有很强的市场竞争力。e. 我国的海滨砂矿较为丰富，在南海大部分海岸线及海南岛、台湾岛的海岸线有沉积砂矿，其中独居石和磷钇矿作为钛铁矿和锆英石的副产品加以回收利用。f. 除以上稀土资源外，我国内蒙古东部地区有与碱性花岗岩有关的稀有稀土矿床，湖北、新疆等地有与碳酸盐有关的铌稀土矿床、云南、四川等地有与贵州织金相同类型的含稀土磷块岩矿床等，均具有很大的资源潜力，为我国稀土工业发展提供了资源保证。

美国稀土资源主要为独居石、氟碳铈矿和作为副产品回收的黑稀金矿、硅铍钇矿和磷钇矿。芒廷帕斯矿的稀土品位为7%左右，是最大的单一氟碳铈矿，位于加利福尼亚州的圣贝迪诺县境内。俄罗斯的稀土储量巨大，主要稀土矿物为磷灰石，伴生矿床位于科拉半岛。此外，该国磷灰石中还蕴藏着铈铌钙钛矿资源，其稀土含量为29%~34%。

澳大利亚、南非、马来西亚、巴西的稀土资源主要为独居石。在澳大利亚，大部分独居石从生产金红石、钛铁矿和锆英石的副产品中加以回收，主要矿床包括海岸的砂矿床以及位于韦尔德山的碳酸岩风化壳稀土矿床。此外，澳大利亚的稀土矿物还包括磷钇矿和位于昆士兰州中部艾萨山的采铀尾矿。南非开普省的斯廷坎普斯克拉尔是该国主要的独居石产地，拥有少见的单一脉状型独居石稀土矿。在南非的布法罗萤石矿中伴生稀土资源，在查兹贝的海滨砂也有丰富的稀土资源。马来西亚主要从锡矿的尾矿中回收稀土，一度是全球重稀土和钇的重要来源。巴西是稀土生产的最古老国家，其碳酸岩风化壳稀土矿床位于东部沿海的广大地区。

镧系金属的熔点随原子序数的增大而增高，从铈到镥金属的熔点大约增加了110%。这其中铕和镱的熔点比其相邻稀土金属的低，不符合这个规律。钇的熔点接近钇副族元素熔点的中间值，铒的熔点为1529℃，钪的熔点为1541℃，而钇的熔点为1522℃。镧系金属的熔化热和弹性模量也呈现出类似的规律。钪和钇的熔化热和弹性模量都在钇副族元素的范围之内。但钐的弹性模量比钷和钕低，而铕的熔化热居于钷和钆之间。所有稀土金属的比热容大致相近。总之，所有这些特性都和镧系元素原子间的作用力有关系。

（2）稀土金属的磁性及其他物理性质

稀土原子具有特殊的电子构型，从而显示特殊的性能。随着原子序数从57增大到71，从镧到镥的稀土元素在内层的4f轨道中逐一填充电子，而这些4f电子被外层完全充满的$5s^2$和$5p^6$电子所屏蔽。不同的4f层电子使稀土具有特殊的磁学、光学、电学和化学特性。稀土元素在4f组态中的未成对电子数高达7个，就磁学而言具有重要的意义。例如，Gd^{3+}（4f7）中的7个4f电子均是自旋平行的，是具有自旋平行电子数目最多的元素。这些4f电子的自旋运动和轨道运动、较强的自旋-轨道耦合作用以及跟周围环境的间接作用，使稀土具有很强的顺磁化率、磁饱和强度、磁各向异性、磁致伸缩、磁光旋转和磁熵效应，因此，稀土在永磁材料、磁光材料、磁致伸缩材料、磁制冷材料中获得了广泛应用，是这些材料的重要成分。

有关稀土金属的磁性，液态稀土金属的性质，稀土金属的蒸气压、沸点和升华热，室温线胀系数、热导率、电阻率和霍尔系数，力学性质的基础数据分别见表1-5~表1-9。

⊡ **表 1-5 稀土金属的磁性** [13, 14]

| 稀土金属 | 磁化率 $\chi \times 10^6$ (298K) /emu[①]·mol^{-1} | 有效磁矩 | | 瑞利轴 | 尼耳温度 T_N/K | | 居里温度/K |
		顺磁(约298K)	铁磁(约0K)		六边形晶格	立方体晶格	
αSc	295.2	—	—	—			
αY	187.7	—	—	—			
αLa	95.9	—	—	—			
βLa	105.0	—	—	—			
γCe	2270	2.54	2.14	—		14.4	
βCe	2500	2.54	2.14	—	13.7	12.5	
αPr	5530	3.58	3.20	a	0.03	—	
αNd	5930	3.62	3.27	b	19.9	7.5	
αPm	—	2.68	2.40				
αSm	1278	0.85	0.71	a	109	14.0	
Eu	30900	7.94	7.0	<110>		90.4	
αGd	185000	7.94	7.0	30°-c	—	—	293.4
αTb	170000	9.72	—		230.0		
α′Tb	—	—	9.0	b			219.5
αDy	98000	10.64	—		179.0		
α′Dy	—	—	10.0	a			89.0
Ho	72900	10.60	10.0	b	132		20.0
Er	48000	9.58	9.0	30°-c	85		20.0
Tm	24700	7.56	7.0	c	58		32.0
βYb	67	—	—	—			
Lu	182.9	—	—	—			

① 1emu=10A。

⊡ **表 1-6 液态稀土金属的性质** [15, 16]

| 稀土 | 密度 /g·cm^{-3} | 表面张力 /N·m^{-1} | 黏度 /×10^{-3} Pa·s | 摩尔比热容 /J·(mol·K)$^{-1}$ | 热导率 /W·(cm·K)$^{-1}$ | 磁化率 $\chi \times 10^4$ /emu·mol^{-1} | 电阻率 /μΩ·cm | 凝固收缩率/% | 光谱辐射 (λ=645nm) | |
									ε/%	温度范围 /℃
Sc	2.80	0.954	—	44.2	—	—	—	—	—	—
Y	4.24	0.871	—	43.1	—	—	—	—	36.8	1522~1647
La	5.96	0.718	2.65	34.4	0.238	1.2	133	−0.6	25.4	920~1287
Ce	6.68	0.706	3.20	37.7	0.210	9.37	130	+1.1	32.2	877~1547

稀土	密度 /g·cm⁻³	表面张力 /N·m⁻¹	黏度 /×10⁻³ Pa·s	摩尔比热容 /J·(mol·K)⁻¹	热导率 /W·(cm·K)⁻¹	磁化率 χ×10⁴ /emu·mol⁻¹	电阻率 /μΩ·cm	凝固收缩率/%	光谱辐射（λ=645nm） ε/%	温度范围/℃
Pr	6.59	0.707	2.85	43.0	0.251	17.3	139	−0.02	28.4	931～1537
Nd	6.72	0.687	—	48.8	0.195	18.7	151	−0.9	39.4	1021～1567
Pm	6.90	0.680	—	50.0	—	—	160	—	—	
Sm	7.16	0.431	—	50.2	—	18.3	182	−3.6	43.7	1075
Eu	4.87	0.264	—	38.1	—	97	242	−4.8	—	
Gd	7.40	0.664	—	37.2	0.149	67	195	−2.0	34.2	1313～1600
Tb	7.65	0.669	—	46.5	—	82	193	−3.1	—	
Dy	8.20	0.648	—	49.9	0.187	95	210	−4.5	29.7	1412～1437
Ho	8.34	0.650	—	43.9	—	88	221	−7.4	—	
Er	8.60	0.637	—	38.7	—	69	226	−9.0	37.2	1529～1587
Tm	9.00	—	—	41.4	—	41	235	−6.9	—	
Yb	6.21	0.320	2.67	36.8	—	—	113	−5.1	—	
Lu	9.30	0.940	—	47.9	—	—	224	−3.6	—	

⊡ **表 1-7　稀土金属的蒸气压、沸点和升华热 [17]**

稀土金属	蒸气压 0.001Pa(10⁻⁸atm)	0.101Pa(10⁻⁶atm)	10.1Pa(10⁻⁴atm)	1013Pa(10⁻²atm)	沸点/℃	升华热（25℃）/kJ·mol⁻¹
Sc	1036	1243	1533	1999	2836	377.8
Y	1222	1460	1812	2360	3345	424.7
La	1301	1566	1938	2506	3464	431.0
Ce	1290	1554	1926	2487	3443	422.6
Pr	1083	1333	1701	2305	3520	355.6
Nd	955	1175	1500	2029	3074	327.6
Pm	—	—	—	—	3000（估计）	348（估计）
Sm	508	642	835	1150	1794	206.7
Eu	399	515	685	964	1529	175.3
Gd	1167	1408	1760	2306	3273	397.5
Tb	1124	1354	1698	2237	3230	388.7
Dy	804	988	1252	1685	2567	290.4
Ho	845	1036	1313	1771	2700	300.8
Er	908	1113	1405	1896	2868	317.1

稀土金属	蒸气压				沸点/℃	升华热（25℃）/kJ·mol⁻¹
	0.001Pa(10⁻⁸atm)	0.101Pa(10⁻⁶atm)	10.1Pa(10⁻⁴atm)	1013Pa(10⁻²atm)		
Tm	599	748	964	1300	1950	232.2
Yb	301	400	541	776	1196	152.1
Lu	1241	1483	1832	2387	3402	427.6

注：1atm＝101.325kPa。

▣ 表 1-8　稀土金属的室温线胀系数、热导率、电阻率和霍尔系数[14, 17]

稀土金属	线膨胀系数 $\alpha_l / \times 10^{-6} \cdot ℃^{-1}$			热导率 /W·m⁻¹·K⁻¹	电阻率/Ω·cm			霍尔系数 $R / \times 10^{-12} \cdot V \cdot cm \cdot (A \cdot T)^{-1}$		
	α_a	α_c	$\alpha_{多晶}$		ρ_a	ρ_c	$\rho_{多晶}$	R_a	R_c	$R_{多晶}$
αSc	7.6	15.3	10.2	0.158	70.9	26.9	56.2	—	—	−0.13
αY	6.0	19.7	10.6	0.172	72.5	35.5	59.6	−0.27	−1.6	—
αLa	4.5	27.2	12.1	0.134	—	—	61.5	—	—	−0.35
βCe	—	—	—	—	—	—	82.8	—	—	—
γCe	6.3		6.3	0.113	—	—	74.4	—	—	+1.81
αPr	4.5	11.2	6.7	0.125	—	—	70.0	—	—	+0.709
αNd	7.6	13.5	9.6	0.165	—	—	64.3	—	—	+0.971
αPm	9	16.0	11	0.150	—	—	75.0	—	—	—
αSm	9.6	19.0	12.7	0.133	—	—	94.0	—	—	−0.21
Eu	35.0	—	35.0	0.139	—	—	90.0	—	—	+24.4
αGd	9.1	10.0	94.0	0.105	135.1	121.7	131.0	−10.0	−54	−4.48
αTb	9.3	12.4	10.3	0.111	123.5	101.5	115.0	−1.0	−3.7	—
Dy	7.1	15.6	9.9	0.107	111	76.6	92.6	−0.3	−3.7	—
Ho	7.0	19.5	11.2	0.162	101.5	60.5	81.4	+0.2	−3.2	—
Er	7.9	20.9	12.2	0.145	94.5	60.5	86.0	+0.3	−3.6	—
Tm	8.8	22.2	13.3	0.169	47.2	88.0	67.6	—	—	−1.80
βYb	26.3	—	26.3	0.385	—	—	25.0	—	—	+3.77
Lu	4.8	20.0	9.9	0.164	34.7	76.6	58.2	+0.45	−2.6	−0.535

▣ 表 1-9　稀土金属的力学性质[18]

稀土金属	屈服强度/MPa	极限强度/MPa	伸长率/%	断面收缩率/%	再结晶温度/℃
Sc	173	255	5.0	8.0	550
Y	42	129	34.0	—	550
αLa	126	130	7.9	—	300
βCe	86	138	—	24.0	—
γCe	28	117	22.0	30.0	325
αPr	73	147	15.4	67.0	400

稀土金属	屈服强度/MPa	极限强度/MPa	伸长率/%	断面收缩率/%	再结晶温度/℃
αNd	71	164	25.0	72.0	400
αPm	—	—	—	—	400
αSm	68	156	17.0	29.5	400
Eu	—	—	—	—	300
αGd	15	118	37.0	56.0	500
αTb	—	—	—	—	500
αDy	43	139	30.0	30.0	550
Ho	—	—	—	—	520
Er	60	136	11.5	11.9	520
Tm	—	—	—	—	600
βYb	7	58	43.0	92.0	300
Lu	—	—	—	—	600

1.2
稀土镁合金的发展概况

稀土是提高镁合金的强度和耐热性能的主要元素，已开发的各种镁合金大多含有稀土元素。由于价格昂贵，稀土仅限于在军事领域和航空航天领域应用，但随着社会经济的发展，对镁合金性能提出了更高的要求，加之稀土成本的降低，稀土镁合金在航空航天、导弹、汽车、电子通信、仪表等民用和军工领域均有了较大拓展。稀土镁合金的开发及应用大致分为以下四个阶段。

第一阶段：1937 年，Beek 和 Haughtion 用富铈稀土来提高镁铝合金的高温性能，研制出了 AM6 合金[19]。AM6 合金应用于 BMW-801D 飞机发动机上，在第二次世界大战早期该战机获得广泛使用。在应用中发现这类合金晶粒粗大，在生产大的或复杂的零件时，容易产生裂纹，限制了该类合金的进一步使用。

第二阶段：1947 年，Sauerwarld 发现 Zr 元素能有效地细化 Mg-RE 合金的晶粒[20]，从而改善合金综合性能。用 Zr 细化晶粒解决了稀土镁合金的工艺难题，其后耐热稀土镁合金得到飞速发展。在不含 Al、Mn 的稀土镁合金中，开发了 EK 型、EZ 型、ZE 型、AE 型等含 Zr 镁合金。

EK 型（Mg-RE-Zr）合金属于铸造的高温稀土镁合金，EK30A 在航空发动机上得到应用。在 1949 年，发现添加稀土可以改善 Mg-Zn 合金的蠕变抗力和铸造性能，于是开发了 ZE41 及 EZ33 合金。1959 年，Payne 等人发现 Ag 能改善含稀土镁合金的时效硬化性能[21]，从而开发了 EQ21、QE21、QE22 等合金。其中 QE22A 合金在飞机、导弹零件上被广泛应用，如美洲虎攻击机的座舱盖骨架、大黄蜂飞机的前起落架外筒和轮毂等。1972 年有研究表明[22]，混合稀土可以提高

Mg-Al 基合金的抗蠕变性能，开发了 AE 系列合金（如 AE42、AE41、AE21），其中 AE42 被 GM 公司应用。AE42 合金是耐热镁合金发展的一个里程碑，成为其后开发的新型耐热镁合金的比较对象。

第三阶段：1979 年，Drits 等发现 Y 能提高 Mg-RE 镁合金的强度和耐热性能，开发了多种 Mg-RE-Y 型合金。其中 WE54 合金的力学性能达到了铸造铝合金的水平，而且在抗疲劳及抗蠕变方面性能优异；WE43 合金的强度比 WE54 稍有下降，但其伸长率明显提高，在赛车及飞机变速箱壳体上得到应用。20 世纪 80 年代，北京航空航天材料研究所与中国科学院通过添加富钇稀土镁中间合金，研发了 MB26 镁合金，用于国产飞机的受力构件上[23]。

第四阶段：从 20 世纪 90 年代开始，为满足高技术领域的需求，开始了对 Mg-HRE（重稀土）合金的探索。和轻稀土元素相比较，重稀土元素固溶度大，除 Eu 和 Yb 外，其在镁中的固溶度为 $10\%\sim28\%$，最大可以到 41%。随着温度降低，重稀土在镁中的固溶度迅速下降，因而沉淀强化效果非常好，开发出了拉伸性能和蠕变性能均较高的 Mg-Gd 合金和 Mg-Sc 合金。

稀土在镁合金中的应用如表 1-10 所示。

⊡ 表 1-10　稀土在镁合金中的应用

序号	合金种类	合金组分	应用领域及效果
1	含稀土 AM50 压铸镁合金	Mg-Al-Zn-Mn-RE 中添加 $0.2\%\sim0.5\%$Nd	可提高合金高温 200℃ 抗拉强度、屈服强度和延伸率，合金压铸件已广泛用作重要的高温使用零部件
2	含稀土 AM60B、AZ91D 压铸镁合金	Mg-Al-Zn-Mn-RE 中添加 $0.3\%\sim1.5\%$混合稀土，可与合金中 Mg\Al\Mn 形成多种金属间化合物	细化晶粒，含稀土化合物具有较好的形态与分布，提高合金的力学性能。用于制作使用温度低于 120℃ 的壳体及箱盖等零件
3	含稀土 ZM2、ZM3、ZM4、ZM6 高温高强铸造镁合金	ZMgZn4RE1Zr、ZMgRE3ZnZr、ZMgRE3Zn2Zr、ZMgRE2ZnZr，前三种添加含铈混合稀土，ZM6 中添加钕含量 85% 以上的混合稀土，另外也可添加钪、钇、钐等	具有优良的高温抗拉强度和蠕变抗力，铸造性能良好，在航空、汽车、交通运输和电子工业上获得应用
4	含稀土 MB1 合金	在 MB1 合金基础上，添加稀土钇开发 Mg-$(3\%\sim4\%)$Y-2%Mn 新型变形镁合金	该合金是高强、耐热、抗蚀、可焊的板材合金。其性能为：室温抗拉强度 350MPa，伸长率 5%；200℃ 抗拉强度 300MPa，伸长率 10%。可用于航空航天和交通运输领域
5	含稀土 MB15 锻造镁合金	在 Mg-$(5.0\sim6.0)$Zn-$(0.3\sim0.9)$Zr 中添加稀土钇	含钇合金与 MB15 相比具有更优良的工艺性能和力学性能，合金可用铸坯直接进行自由锻和模锻，变形率≥50% 时不会产生裂纹，其强度高于 MB15 合金。该合金在国防军工和民用上作为结构件有好的应用前景

序号	合金种类	合金组分	应用领域及效果
6	含稀土 AZ91 镁合金	在 Mg-(8.5~9.5)Al-(0.45~0.9)Zn-(0.15~0.5)Mn 镁合金中添加微量稀土	采用快速凝固技术,可使抗拉强度提高 40%~60%,蠕变强度提高 50%~100%,疲劳强度提高 45%~230%,伸长率提高 22%,该合金综合性能优良,在军工和民用上推广应用
7	含稀土 MgBe 阻燃镁合金	MgBeRE 中含 0.1%~0.8% Be,0.4%~1.5%RE,属阻燃稀土镁合金	该合金着火点可提高 250℃,力学性能与 AZ91 相当,可望在煤炭矿井、天然所及其他与易燃物接触的部件上应用
8	高稀土含量耐热高强镁合金	WE43、WE54、MgSc15Mn、Mg-Gd-X(如 Mg-10Gd-3Nd-Zr、Mg-(6~15)Gd-(1~6)Y-0.5Zr-1.5Ca)	这类合金强度高,有的抗拉强度达到 440MPa;可在 200℃、250℃甚至 300℃下使用,多用于航空航天,也在汽车耐热结构件上使用

注:为了简便,本书中部分镁合金采取直接标出成分的形式表示,如 Mg-9Al-1Zn,各元素符号前面的数字表示该元素的质量百分比含量。

　　我国在含稀土镁合金的研究和应用方面起到了重要的作用。从 20 世纪 60~70 年代开始,上海跃龙化工厂和湖南稀土金属材料研究所先后生产和供应 Mg-富 Nd 稀土、Mg-Nd、Mg-富 Y 稀土、Mg-Y 等中间合金。1967 年开发的含富铈混合稀土 2.5%~4.0% 的 ZM5 镁合金,用于生产 WP11 离心机匣和歼 6 发动机的前舱铸件。在 200℃下,ZM5 抗蠕变性能优异抗腐蚀性能显著提高,其性能超过了俄罗斯同期的 MA7 合金。在 Mg-Zn-Zr 合金中添加稀土金属 Y 而研发的 ZM9 合金,在 300℃以下具有良好的抗蠕变性能和高温强度,且无放射性。

　　北京航空航天大学材料研究所等单位研制成功了 6 种含镁稀土合金,它们已经广泛应用于制造航空设备,促进了我国航空工业的发展。在飞机的操纵系统上,采用 MB5、MB8、MB15 制成的零部件,其中,仅 MB15 材质的锻造件就多达 40 多种,MB15 材质的棒材同样用量较大;采用 MB8、MB15 轧成的板材(厚度为 7~18mm),用于制作飞机舱门、连杆机构、壁板和导弹尾翼等零件。20 世纪 90 年代后期,我国提出了新的镁稀土合金开发计划,促进了镁稀土合金的科学研究和镁产业的发展。经过多年的努力,中国科学院、上海交通大学、重庆大学、中国第一汽车集团、中国航空工业集团等众多研究单位和生产企业开展了卓有成效的工作,在稀土镁合金的设计、研发和应用等方面成果显著。上海交通大学研制的 GW123K 合金的室温抗拉强度为 491MPa,屈服强度为 436MPa,伸长率为 3.6%[24~26]。中国科学院研制成了新型的 MB26 合金,并已用于神舟六号飞船。重庆大学对耐热镁合金在民用方面进行了卓有成效的工作[27]。中国第一汽车集团与长春应用化学研究所开发的 AZ91+RE 合金已经用于制造发动机罩盖。哈尔滨工业大学和大连理工大学等高校在含稀土镁合金的焊接技术以及镁基复合材料等方面进行了大量的研究[28]。

我国具有丰富的镁资源和稀土资源，科学合理地利用我们的资源优势，充分且深入地应用资源是具有经济意义的。开发和应用含稀土镁合金有助于实现这一目标，也是材料科研和生产单位长期的工作内容。

参考文献

[1] 徐光宪. 稀土（上）[M]. 第2版. 北京：冶金工业出版社，1995：1-3.

[2] 苏锵. 稀土元素：您身边的大家族[M]. 北京：清华大学出版社，2000：1-3.

[3] 郭加朋，孔庆友. 工业维生素——稀土[M]. 济南：山东科学技术出版社，2016.

[4] 徐光宪. 稀土（上）[M]. 第2版. 北京：冶金工业出版社，1995：111-130.

[5] 徐光宪. 稀土（上）[M]. 第2版. 北京：冶金工业出版社，1995：35.

[6] Gschneidner K A，Capenllen Jr J. Rare Earth Alloys[M]. Princeton，New Jersey-New York-Toronto-London，D. Van Nostrand Co.，Inc.，1961.

[7] 张德平，唐定镶，孟健. 在AZ91D镁合金显微组织和力学性能的影响[J]. 稀土学报，2009：1104-109.

[8] King H W. In binary Alloy Phase diagrams[M]. Ed. Th. B. Massalski. Meatals Parc Ohio：American society for Metals：2179-2181.

[9] Beaudry B J，Gschneidner K A Jr In Handbook on the Physics and Chemistry od rare earth[M]. Asterdam-New York-Oxford：North-Holland Publishing Co.，1978，1：173-211.

[10] Koskenmaki D C. In Handbook on the Physics and Chemistry of Rare Earth[M]. Asterdam-new York-Oxford：North-Holland Publishing Co，1978，1：337-377.

[11] Beaudry B J，Gschneidner K A. Jr. In Handbook on the Physics and Chemistry of rare earth[M]. Asterdam-new York-Oxford：North-Holland Publishing Co.，1978，1：212-232.

[12] Savitsky E M，Terehova V F. Metals Scince of the Rare-Earth Metals[M]. Moscow：Nauka，1975.

[13] Legvold S. Ferromagnetic Materials[M]. Amsterdam：E. P. Wohlfarth，ED. North-Holland Physics publishing，1980，1.1：183.

[14] Mcewen K A. Handbook on the Physics Publishing[M]. Asterdam：North-Holland Publishing，1978，1：411.

[15] Strez L A，Bautista R G. Temperature：Its Measurement and control in Science and Industry[M]. Plumb HH. Pittsburgh：Instrument Society of American，1972，4：489.

[16] Van Zytveld J. Handbook on the Physics and Chemistry of rare Earth[M]. Gschneidner K A，Jr.，Eyring L. Asterdam-New York：North-Holland Publishing Co.，1989，12：357.

[17] Beaudry B J，Gschneidner K A. Jr. In Handbook on the Physics and Chemistry of rare earth[M]. Asterdam：New York-Oxford：North-Holland Publishing Co.，1978，1：173.

[18] Scott T. Handbook on the Physics and Chemistry of Rare Earths[M]. Gschneidner K A，Jr.，Eyring L. Asterdam：North-Holland Publishing，1978，1：591.

[19] Spedding F H，Daane A H，The Rare Earths[M]. John Wiley and Sons，Inc. 1961，456.

[20] Sauerwald F. Der Stand der Entwicklungen der Zwei-und Vielstoffegierungen auf der Basis Magnesium-Zirkon und Magnesium-Thorium-Zirkon[M]. Metallkde Z，1954，45：257-269.

[21] Payne R J M, Bailey N. Improvement of the age hardening properties of Mg- RE alloys by addition of Ag [J]. J. Inst. Met, 1959-1960, 88: 417-427.

[22] Sieracki E G, Velazquez J J, Kabiri K [C]. SAE Technical Paper 960421, Warrendale, PA, Societyof Automotive Engineers, 1996.

[23] 张洪杰, 孟健, 唐定骧. 高性能镁-稀土结构材料的研制、开发与应用 [J]. 中国稀土学报, 2004, 22: 40-46.

[24] Zou H H, Zeng X Q, Zhai C Q, et al. The effect of yttrium element on micro-structure and mechanical properties of Mg-5Zn-2Al alloy [J]. Materials Science and Engineering A, 2005, 402: 142-148.

[25] 姚素娟, 易丹青, 李旺兴, 等. 高温镁合金成分、组织设计与制备加工技术进展 [J]. 轻金属, 2007, 9: 55-58.

[26] Gao X, He S M, Zeng X Q, et al. Microstructure evolution in a Mg-15Gd-0.5Zr alloy during isothermal aging at 250℃ [J]. Materals Science and Engineering A, 2006, 431: 322-327.

[27] 杨明波, 潘复生, 李忠盛, 等. Mg-Al系耐热镁合金的合金元素及其作用 [J]. 材料导报, 2005, 4: 46-49.

[28] 徐杰, 刘子利, 沈以赴, 等. 镁合金焊接的研究和发展 [J]. 宇航材料工艺, 2006, 19: 21-26.

第2章

含稀土镁合金的铸态
组织性能

镁合金可分为铸造镁合金和变形镁合金两大类。合金铸态组织对这两类镁合金都有重要的影响。稀土合金化可以改善镁合金的铸态组织结构、铸态性能，并影响后续冷热加工性能，在合金熔体净化、铸态组织改善、熔体阻燃等方面稀土具有有益的作用。

2.1
稀土对镁合金熔体的净化作用及稀土变质机理

2.1.1 稀土对镁合金熔体的净化作用

（1）稀土对熔体的净化反应

稀土元素化学性质活泼，能够去除镁合金熔体中 H、O、S、Cl、Fe 等杂质元素，还可以改善镁合金液的物理和化学性质，使熔体的流动性增加，缩松减少，铸件致密性提高[1]。

稀土与氧的亲和力比镁与氧的亲和力高，在镁合金液中加入稀土元素后，稀土能够与熔体中的 MgO 等氧化物发生反应，生成稀土氧化物沉淀于合金液底部，从而去除合金中的氧化夹杂物。稀土去除氧化镁夹杂的反应如下：

$$3MgO + 2[RE] \Longrightarrow RE_2O_3(s) + 3Mg(l) \qquad (2-1)$$

稀土与水汽和氢反应，生成氢化物或稀土氧化物，从而去除合金液中的氧和氢。稀土去除氢的反应如下：

$$H_2O(g) + Mg(l) \Longrightarrow MgO(s) + 2[H] \tag{2-2}$$

$$RE \Longrightarrow [RE] \tag{2-3}$$

$$[RE] + 2[H] \Longrightarrow REH_2 \tag{2-4}$$

稀土与硫、氮及卤族元素都具有很大的亲和力，容易与之反应生成化合物，从而去除这些杂质元素。稀土除硫的反应如下：

$$2[RE] + S_2(g) \Longrightarrow 2RES \tag{2-5}$$

$$4[RE] + 3S_2(g) \Longrightarrow 2RE_2S_3 \tag{2-6}$$

稀土可将合金液中的 Fe、Cu、Co、Ni 等原子转变为 Mg-RE-Fe(Cu)-Al（或 Zn、Mn）等金属间化合物，从而抑制铁等元素造成的镁合金腐蚀。稀土去除铁等金属杂质的反应如下：

$$[RE] + 2[Fe] \Longrightarrow REFe_2 \tag{2-7}$$

$$[RE] + 3[Fe] \Longrightarrow REFe_3 \tag{2-8}$$

$$[RE] + [Fe] + [Mg] + [Al] + [Mn] \Longrightarrow Mg\text{-}RE\text{-}Fe\text{-}Al\text{-}Mn \tag{2-9}$$

目前镁合金的熔炼保护方法主要以熔剂覆盖保护和 SF_6 气体保护为主，但无论是哪一种保护方式，依旧会在熔炼过程引入少量的氧元素，进而形成热导率较小且易破裂的氧化镁膜，使合金液燃烧。稀土元素加入镁合金之后，将形成致密的稀土氧化物膜，阻止氧化镁膜的形成，实现对镁合金熔体的保护。该保护特性对熔炼难度较高的合金（如 WE43 合金）尤为重要。

稀土元素还可以消除镁合金中的熔炼缺陷。图 2-1 为 AM60B 合金添加 1% RE 前后的金相对比。从图 2-1 中可以看出，在 AM60B 合金中加入稀土元素后，可以显著消除合金中的 MgO 缺陷（在图中呈黑色），提高合金品质。此外，稀土元素还可以去除镁合金熔体中的氧、氢、铁和硫等杂质，起净化合金作用。

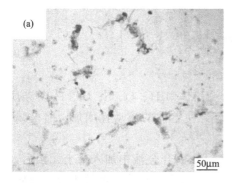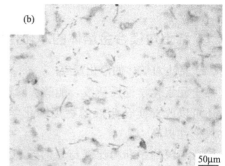

图 2-1 AM60B 合金添加 1% RE 前后金相对比[2]

稀土作为较为活泼的元素，可与镁合金液中的氧化物或氢等发生反应。根据热力学计算分析，上述反应的自由能变化 ΔG 皆为负值，具有较强的驱动力。即所有的稀土元素都能和镁合金液中的 MgO 夹杂物和氢气反应，生成密度大、易于排除的稀土氧化物或稀土氢化物，达到除去氧化物和除氢的目的。另外它还可以与熔剂中的 $MgCl_2$ 发生反应，达到去除熔剂夹杂的作用。稀土的加入能改善合金液和熔渣的物理化学性质，诸如表面张力、流动性、黏度、夹杂溶解度等，有利于非金属夹杂的球化，提高除杂效果。

（2）镁合金中稀土净化反应的热力学解释

为了对镁及其合金进行加工，必须了解镁与金属形成化合物的相对自由能。自由能反映化学过程的几个方面：哪些金属氯化物不能被镁还原，因而可作为熔剂成分；哪些化合物可被镁还原，可作为潜在的合金化成分；哪些金属可通过熔剂处理从镁合金液中除去；哪些金属卤化物和氧化物可作为熔剂混合物的成分，为镁合金的熔炼和精炼提供理想的物理和化学性能。

陈健美等[3] 根据与镁合金化有关的金属元素的热力学数据，绘制与镁合金制备相关的金属氧化物、氯化物和氟化物的生成自由能随温度变化的关系图。从物理化学的角度解释稀土镁合金熔炼及熔体保护的热力学原理。

根据热力学数据编制的金属（包括碱、碱土金属和稀土金属）氯化物、氟化物、氧化物以及重稀土元素氧化物的生成自由能图（也叫埃林厄姆图）如图 2-2 所示。这些图形直观地表现出由金属元素形成各种化合物的生成自由能随温度变化的函数关系，为分析镁合金熔剂的化学组成以及使用性质提供理论依据。在生成自由能图中可以解读化学反应热力学信息，曲线越靠近下层，表明相应化合物越稳定，两条曲线在给定温度下的自由能差反映相应化学反应的驱动力，可作为定性或定量研究化学反应进行状况的数据。

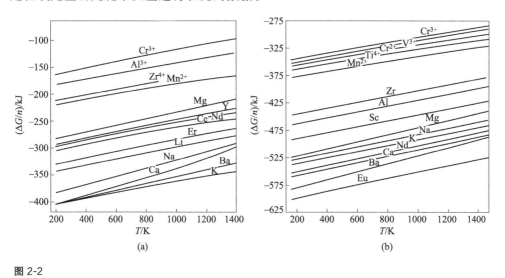

图 2-2

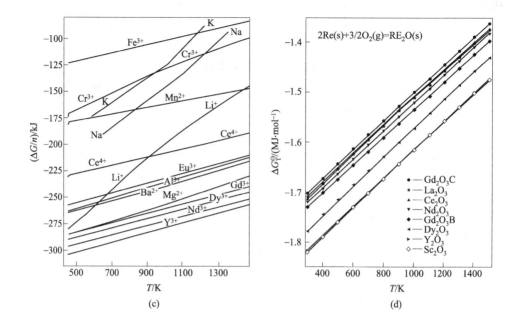

1）稀土氯化物的生成自由能图

由图 2-2（a）可以看出，金属氯化物的生成自由能分布在 3 个间隔明显的区域。碱金属和碱土金属的生成自由能最低，曲线密集分布在最下层。碱金属和碱土金属的氯化物对镁液体是惰性稳定的，适合作为熔剂成分。$MgCl_2$ 的生成自由能高于碱金属和碱土金属，因此 $MgCl_2$ 熔剂有助于除去镁液体中的碱金属和碱土金属，碱金属和碱土金属不适合作为镁合金中的合金元素。

一些合金化元素的生成自由能曲线在图中位置高，这些元素的生成自由能比镁高，在合金中以元素形式存在。

稀土和镁的氯化物的生成自由能处于同一区域，而且绝大部分稀土的生成自由能曲线在镁的曲线的下方，特别是几个常用重稀土元素（如 Y、Gd、Dy）及 Nd，与 Mg 的生成自由能曲线距离较大。因此稀土能够去除 $MgCl_2$ 的同时，在以 $MgCl_2$ 为熔剂主要成分的情况下，稀土必定收得率下降。在含 $MgCl_2$ 的熔剂中，稀土会被 $MgCl_2$ 氧化而变成氯化稀土，氯化稀土对稀土有很大的溶解度和附着力（如 Nd 在熔融 $NdCl_3$ 中的溶解度为 11.2kg/mol），这会严重影响稀土镁合金熔炼的质量，因此，熔炼稀土镁合金应尽量避免采用含 $MgCl_2$ 的熔剂。此外，重稀土元素的密度大、熔点高、在镁熔液中扩散系数小，容易造成铸锭的宏观偏析和微观不均匀。因此，从中间合金的准备到熔炼的过程，都必须保证稀土充分溶解，才能发挥稀土的合金化作用。

2）稀土氟化物的生成自由能图

从图 2-2（b）金属氟化物的生成自由能图中可看出，碱金属 K、Na 位于 Mg 之下，NaF 和 KF 容易被镁还原，事实上会发生剧烈的反应，因此它们不能作为熔剂成分。金属氟化物的生成自由能比氯化物低得多，因此氟化物更稳定。金属氟化物的熔点一般都高于镁的熔点，它们不能单独作为熔剂成分。

稀土与 Mg 的相应曲线位置比氯化物系列中的相应位置更近，有的甚至在镁的曲线之上，说明氟化稀土可被镁还原，这有利于稀土的加入。对稀土镁合金，许多熔剂中采用 MgF_2 代替 $MgCl_2$，或采用含 CaF_2 与 $MgCl_2$ 成分的熔剂。在加入 CaF_2 时，发生双盐置换反应［式(2-10)］，可以避免 $MgCl_2$ 对稀土的氧化作用。

$$MgCl_2 + CaF_2 = MgF_2 + CaCl_2 \qquad (2\text{-}10)$$

使用 MgF_2 的优点在于，MgF_2 在镁熔体中是惰性的，它对镁液有良好的湿润性，与氯化物熔剂相容性好，能形成均匀一致的熔剂混合物。在熔剂法镁合金精炼过程中，加 CaF_2 的目的就是通过双盐反应，把 $MgCl_2$ 转换成 MgF_2。CaF_2 本身并不湿润镁熔体，在精炼过程中的"浓缩凝壳"是 MgF_2 所致。实践表明，过多的 CaF_2 会导致熔剂不湿润，使表面层失去保护作用。生成自由能曲线在镁的曲线以上的元素，其氟化物都能被镁还原，因此可以通过添加这些元素的氟化物来实现合金化。

3）稀土氧化物的生成自由能图

据氧化物的生成自由能图 2-2(c)、(d)，除了稀土元素以外，其他金属元素的生成自由能曲线都在镁的曲线之上。因此稀土的氧化物在镁熔体中是稳定的，若添加稀土元素，有可能优先被氧化。MgO 与这些稀土氧化物的生成自由能差别很大，加入稀土虽然能除去夹杂氧化物，但损耗了稀土。在熔炼稀土镁合金时，不宜加入 MgO 作增稠剂，可以用稀土氧化物代替它。实践证明，稀土氧化物有很好的阻燃和增韧效果。

4）稀土镁合金的熔剂化处理

通过对自由能图的分析可得出，熔炼和精炼的熔剂中最好不含 $MgCl_2$ 和 MgO。因为它们会引起稀土的氧化，生成的稀土氯化物和氧化物在镁合金熔体中是稳定的，难以净化排除，导致稀土损耗和铸件中产生氧化物和熔剂夹杂。稀土镁合金的质量问题与熔剂使用不当有很大的关系。在制取中间合金时发现，黏附含 $MgCl_2$ 熔剂涂层的稀土块在镁合金熔体中长时间高温加热不溶解和扩散，用这种熔剂处理的高稀土含量镁合金甚至是不时效硬化的。微观分析结果表明，许多弥散的稀土颗粒被极薄的熔剂膜包裹，阻止了颗粒的溶解或固溶。

经验表明，添加 MgF_2 的熔剂适用于熔炼稀土镁合金以及用 $CaCl_2$ 和 CaO 阻燃时。在卤化物熔体中，镁总是选择与氟形成不溶于镁熔体的稳定氟化物，但

MgF 对合金熔体有良好的湿润性；钙总是优先选择氯形成稳定的氯化物。从氧化物生成自由能图可见，CaO 是最稳定的氧化物。在制备稀土镁合金时，配制无 MgCl$_2$ 的熔剂是合理的，若采用一般的含 MgCl$_2$ 熔剂，应在用 CaF$_2$ 充分改性后，再将稀土中间合金悬挂溶解，才能避免上述问题的发生。用自制熔剂与含 MgCl$_2$ 熔剂熔炼相同成分镁合金的铸态金相形貌如图 2-3 所示，可见，熔铸的质量有明显的差别。

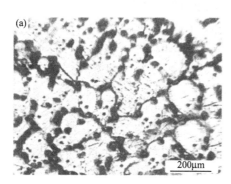 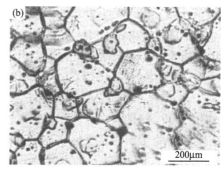

图 2-3　用不同熔剂熔炼同种成分镁合金的铸态金相形貌
（a）含 MgCl$_2$ 的熔剂；（b）自制的不含 MgCl$_2$ 的熔剂

5）稀土去除镁合金中的夹杂物[4]

镁合金中夹杂物来源有：从炉料中带来的、镁氧化生成的、熔剂中带来或者熔剂与镁生成的、镁变质过程中生成的等。镁合金中的夹杂物降低产品的品质和使用性能，严重时使产品报废。在镁合金中，夹杂物可分为金属夹杂物、非金属夹杂物和气体夹杂物，主要有 MgO、MgN、MgCl$_2$、CaCl$_2$、Al$_4$C$_3$ 和一些富 Fe 的物质。

夹杂物容易成为显微裂纹发源地，还经常伴生气孔、缩松等缺陷，对合金断后伸长率、断裂韧性和疲劳抗力等性能具有很大的不良影响。夹杂物尺寸越大越不规则，则对合金力学性能危害越大；而那些弥散分布的小尺寸夹杂使金属液的流动性降低，对性能也有危害[5]。此外熔剂夹杂中含有 MgCl$_2$ 和其他氯化物，它们吸收空气中的水分发生式(2-11) 和式(2-12) 中的反应，加速了镁合金的腐蚀过程。

$$MgCl_2 + 2H_2O \longrightarrow Mg(OH)_2 + 2HCl \qquad (2-11)$$
$$2HCl + Mg \longrightarrow MgCl_2 + H_2 \qquad (2-12)$$

稀土改善镁合金液和熔渣的物理化学性质，有利于非金属夹杂的球化，促进其上浮而去除。郭旭涛[6] 研究混合稀土对 AZ91D 镁合金废料中夹杂的影响。将镁合金废料熔化，用熔剂精炼后添加 0.05%～0.90% 混合稀土，利用定量金相分析方法研究稀土对不同尺寸夹杂物数量的影响。结果显示，试验的 AZ91D 中夹杂物粒径大部分小于 10μm，且随着夹杂尺寸增大数量减少；随着混合稀土添加量的增加，小尺寸夹杂随之增多，粒径大于 $10\mu m$ 的夹杂物显著减少，如图 2-4 所示。

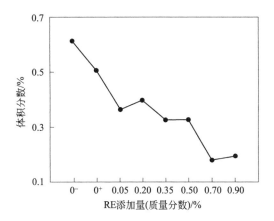

图 2-4 混合稀土精炼剂含量与粒径大于 $10\mu m$ 的夹杂物体积分数的关系
（0^-—表示精炼前；0^+—精炼后）

目前，钢铁材料中夹杂物研究已经很成熟，但对镁合金夹杂物的研究并不完善。虽然在理想条件下夹杂物不应出现，但是在工业镁合金中夹杂物的产生具有客观条件，研究夹杂物产生的条件和研究用添加稀土等方法去除夹杂物，都是必要的，也是具有现实意义的。

2.1.2 稀土在镁合金中的变质机理

变质处理可以细化镁合金组织、提高合金性能。镁合金液中加入变质剂后，晶核数量增加，并改变晶体生长形态，从而达到细化晶粒的目的。关于镁合金变质机理的研究，被普遍接受和认可的观点为以下几种。

（1）异质形核理论

镁合金变质的异质形核理论，最先根据碳对 Mg-Al 合金的变质而提出。在 Mg-Al 合金中形成了 Al_4C_3 相，其熔点高且稳定性好。Al_4C_3 相与 α-Mg 同属六方晶系，两者晶格常数接近，能满足异质形核的匹配原则，Al_4C_3 被认为是非均质形核的结晶核心，促使形核率的提高从而细化晶粒。稀土在镁合金中也能生成满足异质形核条件的含稀土合金相，从而对镁合金变质。

（2）包晶反应理论

Mg-Zr 二元相图属于包晶相图，锆在镁中的溶解度为 0.6%。在合金凝固时，Zr 以 α-Zr 质点析出，由于 α-Zr 也属六方晶系，与镁晶格结构相同晶格常数接近，可作为 α-Mg 的异质结晶核心。当镁合金凝固时，在镁合金液中 α-Zr 优先析出，当温度降至 654℃时发生包晶反应，反应形式为：L＋α-Zr ⟶ α-Mg，α-Mg 相就以 α-Zr 相为形核核心，包裹在其周围生长，形成包晶组织。

（3）局部溶质浓度理论

在含稀土镁合金凝固时发生溶质再分配，过量的稀土元素被排挤到固-液界面前沿，富集的稀土原子阻碍晶体进一步生长，使生长界面出现分支，二次枝晶增多。增多的枝晶有时发生熔断或脱落，相当于晶核数量增加，从而造成了晶粒细化。

（4）控制晶粒生长理论

在镁合金中添加变质剂后，溶质在界面前沿富集，产生成分过冷区，使得过冷区中的形核剂被激活，形核量增多，因此形核率的增长速度快于晶粒的生长速度，晶粒生长受到抑制，从而使晶粒细化。

2.2
稀土对含硅镁合金的变质作用

（1）含硅镁合金相图及合金相

将硅添加到镁合金中可以提高镁合金的热稳定性和抗蠕变性能，也可以提高镁合金的流动性，利于铸造复杂铸件和薄壁件。含硅镁合金是应用在汽车、航空航天等领域的轻质材料。硅在地壳中含量占第二位，Mg-Si 合金具有成本较低的优势。Mg-Si 合金二元相图如图 2-5 所示[7]。

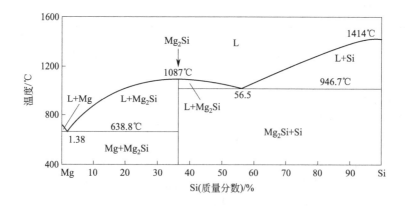

图 2-5　Mg-Si 合金二元相图

由相图可以看出，低硅区镁硅合金为 Mg-Mg$_2$Si 二元共晶系，包含 Mg、Mg$_2$Si、L 等相。Mg-Si 合金共晶点 Si 含量为 1.38%（质量分数，下同），共晶温度在 638.8℃，共晶组织为（Mg₂Si＋Mg）。在 Si 含量≤1.38％时称之为低硅镁合金，其组织为初生 α-Mg＋共晶组织（Mg₂Si＋Mg）；在 Si 含量＞1.38％时，称为高硅镁合金，其组织为初生 Mg₂Si＋共晶组织（Mg₂Si＋Mg）。

硅在镁合金中固溶度很小 [仅为 0.003 含量/％（原子分数）]，绝大部分 Si 以 Mg₂Si 形式存在。金属间化合物 Mg₂Si 具有低密度（$1.99 \times 10^3 kg \cdot m^{-3}$）、高硬度（$4.5 \times 10^9 N \cdot m^{-2}$）、高弹性模量（120GPa）、高熔点（1085℃）和低膨胀系数（$7.5 \times 10^{-6} K^{-1}$）等特点，能够有效改善 Mg-Si 合金的高温抗拉性能和蠕变性能。

Mg₂Si 的晶体结构如图 2-6 所示。Mg₂Si 属于面心立方反萤石结构，空间群为 Fm-3m（No.225），其单个晶胞由 8 个 Mg 原子和 4 个 Si 原子组成，并且 Mg 原子和 Si 原子占据位分别为 $8c$（3/4，1/4，1/4）和 $4a$（0，0，0），晶格常数取 $a=b=c=6.385Å$（1Å=0.1nm）[8]。

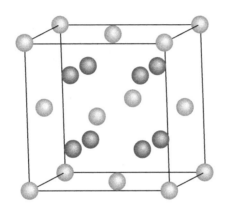

图 2-6 Mg₂Si 的晶体结构（黑色球体为 Mg 原子，浅色球体为 Si 原子）

面心立方结构的主要生长面为 {100}、{110} 和 {111} 三个晶面簇。Mg₂Si 晶体上 {100}、{110} 和 {111} 晶面的 Jackson 因子分别为 2.53、1.27 和 3.80，可以判断固-液界面晶体生长时 {100} 晶面和 {111} 晶面属于光滑界面，以小平面方式生长；而 {110} 晶面属于粗糙界面，以非小平面方式生长。此外，Mg₂Si 晶面原子密度的大小依次为 {111}＞{110}＞{100}，根据 BFDH 法则，通常晶面原子密度越小，表面自由能越大，生长速度越快，所以液相原子优先向原子排列密度较小的晶面上堆放[9]，故 Mg₂Si 在＜100＞晶向上生长速度最快，在＜111＞晶向上生长速度最慢。

在初生 Mg₂Si 晶体自由生长时，在垂直（100）晶面方向上的生长，能给侧向（111）晶面的生长提供原子附着的台阶，最终 Mg₂Si 晶体表面完全被（111）晶面覆盖，晶体生长为八面体结构，而（100）晶面最终演变成八面体的角，（110）晶面最终演变成八面体的棱，结构如图 2-7 所示。

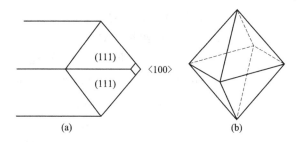

图 2-7 Mg₂Si 晶体小平面长大（a）和 Mg₂Si 晶体最终形貌 (b)

在共晶反应时从剩余液相中同时析出 Mg_2Si 和 Mg，共晶 Mg_2Si 相与 Mg 相合作长大，呈现出二维生长方式，如图 2-8 所示。对于不含 Al 的 Mg-Si 合金，在共晶点附近时，由于剩余液相较少温度分布均匀，容易满足过冷度要求，从而使共晶反应在较短时间内完成，利于层片状结构的形成。对于含 Al 的 Mg-Al-Si 合金，剩余液相较多，在较低温度还会发生形成 $Mg_{17}Al_{12}$ 的共晶反应，因此在层片状 Mg_2Si 共晶基础上进一步形成汉字状 Mg_2Si 共晶。Wang[10] 指出，面心立方晶体的最终形貌取决于＜100＞晶向生长速度与＜111＞晶向生长速度的比值。此比值反映晶体生长的各向异性程度，这是决定 Mg_2Si 相形貌的内在因素。此外，Mg_2Si 相形貌还与过冷度、形核核心数量等因素有关。

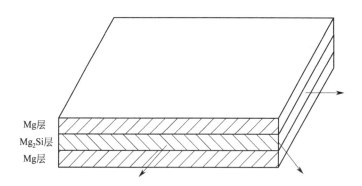

图 2-8 Mg₂Si 相与 Mg 相的二维生长模型

在亚共晶镁硅合金凝固时，先析出初生 Mg 相，然后发生共晶反应，生成共晶组织"Mg＋Mg₂Si 相"；在过共晶镁硅合金凝固时，先析出初生 Mg₂Si 相，然后发生共晶反应。共晶 Mg₂Si 相和初生 Mg₂Si 相的形态如图 2-9 所示，前者为汉字状，后者为树枝晶状。

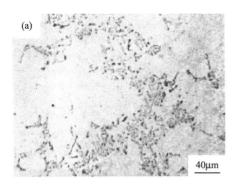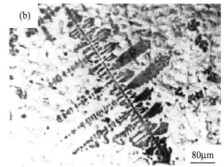

(a)   (b)

40μm   80μm

图 2-9 镁合金中 Mg$_2$Si 相的二维形貌[11]

（a）共晶 Mg$_2$Si；（b）初生 Mg$_2$Si

合金中 Mg$_2$Si 的含量较高时强化效果更好。但是高硅镁合金中的初生 Mg$_2$Si 相为粗大的树枝晶状，其尺寸达 $100\sim1000\mu m$；此外，汉字状共晶 Mg$_2$Si 相呈网状，容易断裂成为裂纹源，造成镁合金室温强度很低、高温蠕变性能差和延伸率低。为了改善高硅镁合金的性能，利用变质处理改善 Mg$_2$Si 相的形态是重要的途径。

（2）各种稀土元素的变质效果

1）Ce 变质的 Mg-5Si 合金

范晋平等[12] 研究了 Ce 对 Mg-5Si 合金铸态显微组织的影响，结果见图 2-10。铸态 Mg-5Si 合金组织为初生 Mg$_2$Si＋α-Mg＋共晶 Mg$_2$Si。Mg-5Si 合金的初生 Mg$_2$Si 为树枝状，平均尺寸约为 $48\mu m$；当添加 1.2% Ce 时，初生 Mg$_2$Si 形态从树枝状向圆形转变，平均尺寸减小到 $9\mu m$ 左右；当添加 1.6% Ce 时，初生 Mg$_2$Si 形态从树枝状变为多边形，平均尺寸约为 $12\mu m$。Mg-5Si 合金的共晶 Mg$_2$Si 为汉字状，当添加 1.2% Ce 时，形态转变为细纤维状，且其数量明显增加；当添加 1.6%Ce 时，共晶 Mg$_2$Si 变为点状。

如图 2-10(c)、（d）所示，在高倍 SEM 下未变质的初生 Mg$_2$Si 为花瓣状，变质后其形貌为近似六边形。当 Ce 的添加量提高到 1.6%时，在合金中出现了 Mg-Si-Ce 三元化合物。为了研究初生 Mg$_2$Si 的三维形貌，采用 15%HNO$_3$ 溶液对试样进行了 4.32×10^4 s 的长时间腐蚀。初生 Mg$_2$Si 的典型 SEM 显微照片及深度腐蚀后的照片如图 2-10(e)、（f）所示。可见未变质的初生 Mg$_2$Si 为粗大树枝状；而用 1.6%Ce 变质后，初生 Mg$_2$Si 颗粒为较完美的八面体结构。

据初步研究，初生 Mg$_2$Si 细化不是由异质形核引起的，Ce 主要起"表面活性元素"作用。根据金属凝固理论，初生 Mg$_2$Si 的临界形核半径 r_k 和临界形核功 ΔG_k 的变化分别为[13]：

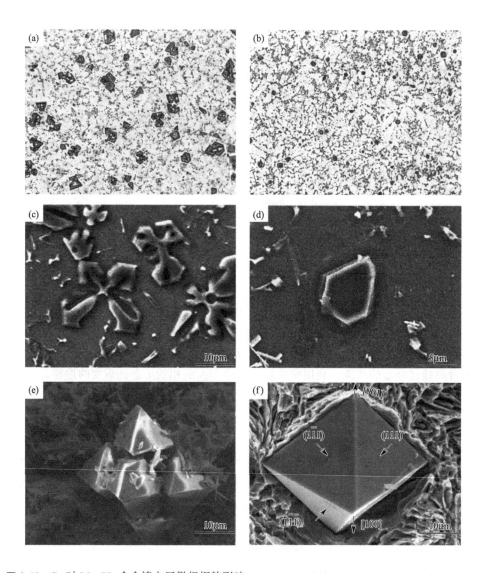

图 2-10　Ce 对 Mg-5Si 合金铸态显微组织的影响
(a) Mg-5Si，光学；(b) Mg-5Si-1.2Ce，SEM；(c) Mg-5Si，SEM；(d) Mg-5Si-1.2Ce，SEM；
(e) Mg-5Si，SEM；(f) Mg-5Si-1.6Ce，SEM

$$r_k = \frac{-2\sigma}{\Delta G_v} \tag{2-13}$$

$$\Delta G_k = 4/3 \pi r_k^2 \sigma \tag{2-14}$$

式中，r_k 为临界形核半径；ΔG_v 为体积自由能的差值；σ 为单位表面积的表面能；ΔG_k 为临界形核功。由于稀土元素具有高的表面活性，会富集在初生 Mg_2Si 生长表面以降低表面能。随着表面能的降低，临界形核半径减小，有利于

初生 Mg_2Si 晶核的形成，因此可细化初生 Mg_2Si。

在 Mg-Si 合金的凝固过程中，Ce 在 Mg_2Si 晶体固-液界面处偏析，改变初生晶体的表面能，抑制晶体的各向异性生长。Mg_2Si 晶体结构属于面心立方结构，其优先生长方向为 <100> 方向。初生 Mg_2Si 的生长方式，取决于 <100> 方向和 <111> 方向之间的相对生长速率[14]。如果 $v_{<100>}/v_{<111>} > \sqrt{3}$，$Mg_2Si$ 晶体将长成树枝状。稀土元素 Ce 原子抑制 <100> 方向的生长速率。随着 <100> 方向生长速率的降低，树枝状晶体的纵横比将降低。当 $v_{<100>}/v_{<111>} \leqslant \sqrt{3}$ 时，晶体各向异性生长得到改变，Mg_2Si 晶体将长成八面体形状[15]。

2）Ce 变质的 Mg-3Al-2.5Si 合金

李克等[16] 研究了 Ce 对 Mg-3Al-2.5Si 合金铸态显微组织的影响，见图 2-11。铸态 Mg-3Al-2.5Si 合金的组织由初生 Mg_2Si 和共晶组织组成。初生 Mg_2Si 相粗大且极不规则，呈"骨骼枝"状和"花瓣"状，平均尺寸大约 $66\mu m$；共晶硅呈汉字状。当 Ce 加入量为 1% 时，初生 Mg_2Si 尺寸最小，平均尺寸为 $18\mu m$ 左右；但是继续增加 Ce 的含量达到 1.6%，初生 Mg_2Si 的尺寸又开始变大。

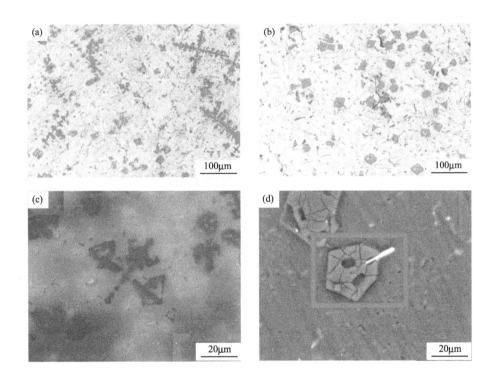

图 2-11 Ce 对 Mg-3Al-2.5Si 合金铸态显微组织的影响

（a）Mg-3Al-2.5Si，光学；（b）Mg-3Al-2.5Si-1.0Ce，光学；（c）Mg-3Al-2.5Si，SEM；

（d）Mg-3Al-2.5Si-1.0Ce，SEM

图 2-11 中也显示，用 1%Ce 变质的合金，其相形态也由树枝晶状转变为八面体状。而且变质后合金中出现了白色杆状相，经图 2-12 中的 XRD 测试，Mg-3Al-2.5Si 合金的 XRD 谱由 α-Mg 基体、$Mg_{17}Al_{12}$ 和 Mg_2Si 相的峰组成；Mg-3Al-2.5Si-1.0Ce 合金的 XRD 谱图除了存在与不含稀土合金相同的 α-Mg 基体、$Mg_{17}Al_{12}$ 和 Mg_2Si 相峰外，还存在 $CeSi_2$ 的峰。由此可以推断，加入 1%Ce 后，合金组织中生成了 $CeSi_2$ 颗粒。加之 EDS 检测其 Ce：Si＝1：2，可初步断定白色短杆状相为 $CeSi_2$ 相。

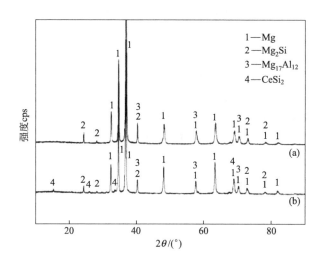

图 2-12 铸态 Mg-3Al-2.5Si 合金 (a) 和 Mg-3Al-2.5Si-1.0Ce 合金 (b) 的 EDX 分析

一般地，异质形核能力的大小取决于形核基底与结晶相之间的界面自由能，而基底与结晶相的点阵错配度是影响界面自由能的主要因素。根据 Ramfitt[17] 的错配度理论，用基底与结晶相的点阵错配度来衡量异质形核能力。不同晶体的错配度计算公式为：

$$\delta_{(hkl)_n}^{(hkl)_s} = \frac{1}{3} \sum \frac{\left| d\left[uvw\right]_s^i \cos\theta - d\left[uvw\right]_n^i \right|}{d\left[uvw\right]_n^i} \times 100\% \tag{2-15}$$

式中，$(hkl)_s$ 为基体的一个低指数面；$[uvw]_s$ 为 $(hkl)_s$ 面上的一个低指数方向；$d[uvw]_s$ 为沿 $[uvw]_s$ 方向上的原子间距；$(hkl)_n$ 为结晶相的一个低指数面；$[uvw]_n$ 为 $(hkl)_n$ 面上的一个低指数方向；$d[uvw]_n$ 为沿 $[uvw]_n$ 方向上的原子间距；θ 为 $[uvw]_s$ 和 $[uvw]_n$ 之间的锐角。结果表明，在非均质形核情况下，$\delta<6\%$ 的核心最有效，$6\%<\delta<15\%$ 的核心中等有效，$\delta>15\%$ 的核心无效。

$CeSi_2$ 具有四方结构[18]，其晶格常数为 $a=0.4156nm$，$c=1.384nm$。Mg_2Si 具有面心立方结构[19]，晶格常数 $a=0.6351nm$。$CeSi_2$ 的低指数面（001）以及

Mg_2Si 低指数面（100）、（110）、（111）之间的原子排列情况，如图 2-13 所示。计算的点阵错配度结果如下：Mg_2Si 的（100）面在 $CeSi_2$ 的（001）面上形核的点阵错配度仅为 7.46％，满足异质核心的中等有效条件，它能够成为 Mg_2Si 相的异质形核核心；Mg_2Si 的（110）面与 $CeSi_2$ 的（001）面的错配度为 22.75％，Mg_2Si 的（111）面与 $CeSi_2$ 的（001）面的错配度为 18.11％，均不满足异质形核条件。

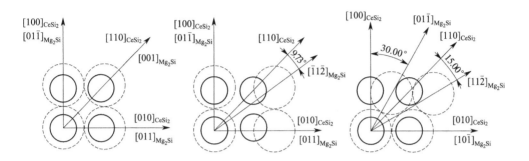

图 2-13 $CeSi_2$（001）晶面和 Mg_2Si 的（100）、（110）、（111）晶面之间的原子排列情况
（图中实线圆表示 Ce 原子，虚线圆表示 Si 原子）

稀土 Ce 细化初生 Mg_2Si 相的原因经分析如下。

① 在 Mg_2Si 相长大的过程中，Ce 原子吸附到 Mg_2Si 相的择优生长面（100 晶面）前沿，抑制 Mg_2Si 相的稳定生长。Ce 原子半径大于 Mg 和 Si 的原子半径，Ce 原子吸附引起（100）晶面产生晶格畸变，使其表面能改变。添加 0.2％Ce 时，原子吸附所起的作用不明显。Ce 添加含量从 0.2％增加到 0.6％时，更多 Ce 原子吸附到 Mg_2Si 相（100）晶面上，使 Mg_2Si 相的枝晶生长完全被抑制，Mg_2Si 相由枝晶状转变为规则的团块状。因此变质机理以"吸附毒化"机制为主。

② 当 Ce 含量大于 1％时，合金中含有大量的 $CeSi_2$ 相。$CeSi_2$ 的熔点约为 1240℃[20]，Mg_2Si 熔点约为 1087℃[21]。理论计算表明 $CeSi_2$ 与 Mg_2Si 的晶格错配度仅为 7.46％，$CeSi_2$ 可以作为 Mg_2Si 的形核核心。$CeSi_2$ 相在熔体中形成并充当形核核心时，剩余熔体中仍存在富余的 Ce 原子，熔体中的 Ce 原子吸附到初生 Mg_2Si 的（100）晶面上，起"吸附毒化"的作用。因此初生 Mg_2Si 相的变质是"吸附毒化机制"和"异质形核机制"共同作用的结果。

有些研究表明，Ce、La、Nd 等稀土元素在 AS 系镁合金中形成了 Al_4RE、$Al_{11}RE_3$ 等中间相，但是目前没有发现这些中间相对 Mg_2Si 相有异质形核作用[22]。在含 Ce 的 Mg-3Al-2.5Si 合金中未检测到 $Al_{11}Ce_3$ 中间相，可能与 Al、Ce 元素含量较低有关。

2.3
含稀土镁合金的铸态组织和性能

（1）稀土对 Mg-Al-Mn 镁合金的变质作用

图 2-14 为在 AM60B 合金中添加 1％RE 前后的 SEM 测试结果对比。从图中可以看出，1％ 的稀土元素可以显著细化合金晶粒。在未加入稀土元素时，AM60B 合金中的铸态组织为 α-Mg 基体、Al_8Mn_5 相及 β-$Mg_{17}Al_{12}$ 相；当加入稀土元素后，稀土元素与铝元素形成针状 $Al_{11}RE_3$ 相及 $Al_{10}RE_2Mn_7$ 相，粗大 β-$Mg_{17}Al_{12}$ 相的数量相应减少。富铝稀土相的出现可以显著降低高温下合金的固溶——析出效应，对位错起到钉扎的作用，对晶界滑动起到阻碍作用[23,24]；富铝稀土相具有较高的熔点，并且稀土在合金中的扩散速率较低，因此稀土改善镁合金组织，提高合金高温性能及强度。

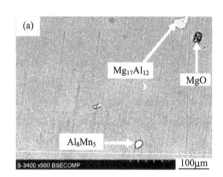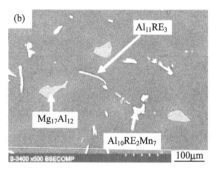

图 2-14　AM60B 合金中添加 1％ RE 前后的 SEM 对比
（a）未加 RE；（b）1％RE

（2）稀土 Nd 对 ZK20 镁合金的铸态组织和性能的影响[25]

图 2-15 为铸态 ZK20＋xNd 合金的光学组织及 SEM 组织。ZK20 合金以树枝晶方式凝固，枝晶粗大并且枝晶间分布着合金相。

从 SEM 图像上可较容易地看出合金相的分布情况。ZK20 合金枝晶间分布着颗粒状的 Mg-Zn 二元合金相。加入 0.1％Nd 后，合金晶粒得到了细化，除颗粒状二元合金相外，合金内出现了不连续网状的 Mg-Zn-Nd 三元合金相；加入 0.5％ Nd 后，呈颗粒状分布的二元合金相基本消失；加入 0.7％Nd 后，三元合金相进一步增多，呈完整的网状分布于合金中。网状合金相上局部有较粗的合金相（或共晶相）区域。

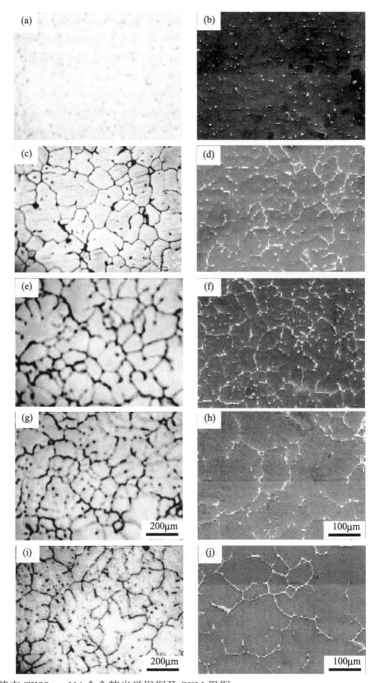

图 2-15 铸态 ZK20+ xNd 合金的光学组织及 SEM 组织

(a) ZK20；(b) ZK20，SEM；(c) ZK20＋0.1Nd；(d) ZK20＋0.1Nd，SEM；(e) ZK20＋0.3Nd；
(f) ZK20＋0.3Nd，SEM；(g) ZK20＋0.5Nd；(h) ZK20＋0.5Nd，SEM；(i) ZK20＋0.7Nd；
(j) ZK20＋0.7Nd，SEM

半连续铸造时合金冷却速度较快，合金以非平衡方式凝固。ZK20合金凝固时，由液相生成 α-Mg，而 Zn 来不及扩散均匀而富集在 α-Mg 枝晶前沿，当其浓度达到一定水平时，就在晶界及枝晶间界处生成了颗粒状的 MgZn 相，图 2-16 为铸态 ZK20＋xNd 合金高倍 SEM 合金相形貌。

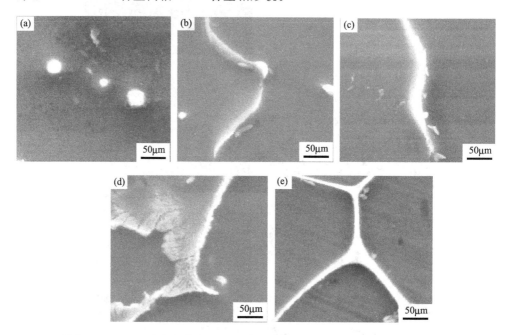

图 2-16　铸态 ZK20＋xNd 合金高倍 SEM 合金相形貌
(a) ZK20；(b) ZK20＋0.1Nd；(c) ZK20＋0.3Nd；(d) ZK20＋0.5Nd ；(e) ZK20＋0.7Nd

在 ZK20 合金中加入钕起到脱氧脱氢，从而净化合金液体的作用。在合金凝固之初，钕和锌一样也来不及扩散均匀而富集在 α-Mg 枝晶前沿，当其浓度达到一定水平时钕与镁和锌生成三元合金相。由于锌参与形成 Mg-Zn-Nd 三元合金相，当钕含量较多时，合金中 MgZn 相大大减少。从高倍合金相形貌来看，当加入0.1％Nd 时，合金中有较大量的颗粒状合金相，加入 0.3％时，颗粒状合金相减少，加入 0.5％之上时，颗粒状合金相基本消失。根据其后的分析，这种颗粒状合金相是 MgZn。

随着钕添加量的增多，在枝晶间或晶界上出现了较多的 Mg-Zn-Nd 三元合金相。在钕添加量小于 0.7％时，其形态主要是不连续网状，在钕添加量为0.7％时，其形态转变为完整的网状。随钕添加量的增大，合金相的连续性有所增大。

铸态 ZK20＋xNd 合金的 XRD 试验结果如图 2-17 所示，在未添加钕时合金的主要相构成为：固溶了 Zn 的 α-Mg 基体上，分布着小颗粒状的 MgZn 相。本试验结果与 Mg-Zn 二元相图相符合。

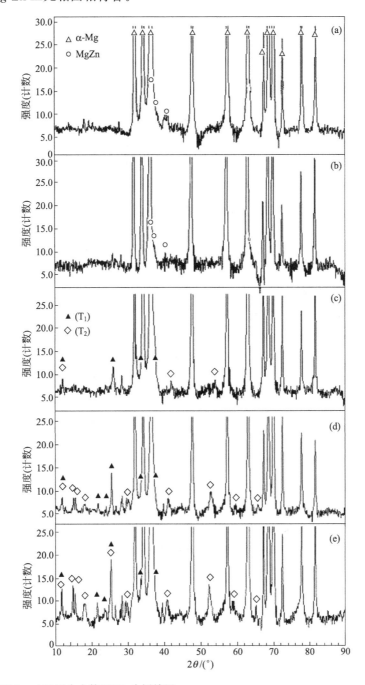

图 2-17 ZK20+ xNd 系合金的 XRD 分析结果

（a）ZK20；（b）ZK20＋0.1Nd；（c）ZK20＋0.3Nd；（d）ZK20＋0.5Nd；（e）ZK20＋0.7Nd

在元素钕含量大于 0.3％时开始出现三元合金相 T_1 和 T_2。T_1 相具有六方晶体结构，晶格常数为 $a=b=1.5nm$，$c=0.87nm$，它的成分为：Mg 27.0～33.4，Zn 60.2～66.4，Nd 6.1～7.4。三元合金相 T_1 在 300～400℃是稳定的。T_2 相的组成为 $(Mg, Zn)_{11.5}Nd$，属斜方晶系。T_2 相有一个连续的成分转变[26]。

鉴于目前 XRD 分析卡片上暂时缺乏 Mg-Zn-Nd 三元相的信息，本书根据黄明丽等所研究的结果参照文献[27,28] 标出 T_1 和 T_2 相的 XRD 衍射峰。从结果来看，可知加入 0.3％ Nd 时这两种合金相均出现，之后随钕含量进一步增多，T_2 相数量增大，合金相的形态也逐渐由不连续网状转变为较连续的网状结构。

ZK20＋xNd 合金的扫描电镜及能谱分析结果见图 2-18。EDS 结合 XRD 试验的结果，可以进一步确定合金相的种类。

ZK20＋0.7Nd 合金能谱线分析结果表明网状合金相中含有较多的锌和钕，考虑到基体的影响，网状合金相可能是：Mg-Zn-Nd 三元相或 Zn-Nd 二元相。根据分析此合金相最可能为三元相，理由如下：①合金的 XRD 图谱上没有 Zn-Nd 二元相的衍射峰；②Mg-Zn-Nd 三元合金相图上显示在此成分范围不会出现 Zn-Nd 二元相；③EDS 检测的成分为：Mg86.5％，Zn10.62％，Nd2.82％，其 Zn/Nd 为 3.4，与 T_2 相比较接近。因此分析出 ZK20＋0.7Nd 合金中出现的含钕合金相是 Mg-Zn-Nd 三元相。

ZK20＋0.5Nd 合金中小块状及不连续网状分布的合金相，其 Zn/Nd 为 3.13、3.23、4.14，它很可能是 T_2 相。ZK20＋0.5Nd 合金中大块状灰色组织，能谱分析结果表明 Zn/Nd 为 6.49 和 5.99，结合 XRD，它可能是 T_1 相与镁固溶体形成的共晶组织，也可能是 T_2 相，从形态上看它可能是共晶组织。

ZK20 合金基体中固溶了 1.85％的 Zn，而 ZK20＋0.5Nd 的基体中固溶了 1.23％的 Zn，ZK20＋0.7Nd 的基体中固溶了 1.02％的 Zn。表明随钕含量的增加，铸态合金基体中固溶的锌含量呈不断减少的趋势，这是 Zn 参与形成 Mg-Zn-Nd 三元相所致。

铸态合金拉伸性能及其断口分析如下。

在半连续铸锭上用线切割切取 $\phi16mm$ 的圆柱体，再加工成直径为 $\phi8mm$、标距为 40mm 的标准拉伸试样，室温拉伸速度为 4mm/min。铸态 ZK20＋xNd 合金的铸态室温力学性能见图 2-19。

ZK20 合金铸态力学性能如下：抗拉强度为 187.5MPa，屈服强度为 57.6MPa，延伸率为 18％。当钕含量小于 0.3％时，合金的抗拉强度及延伸率随着钕含量的增加而上升，在钕含量为 0.3％时达到峰值，其后合金的强度和塑性随钕添加量的增大而降低。在试验合金范围内，合金的屈服强度随钕含量的增大而不断增大，钕提高合金屈服强度效果明显，这点与其他研究结果相符合。

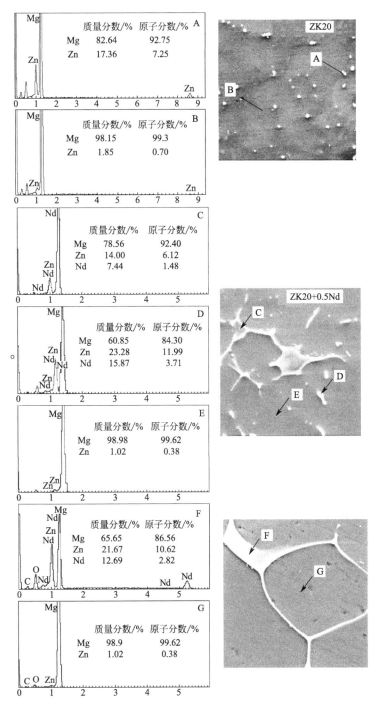

图 2-18 ZK20+ xNd 合金的扫描电镜及能谱分析结果

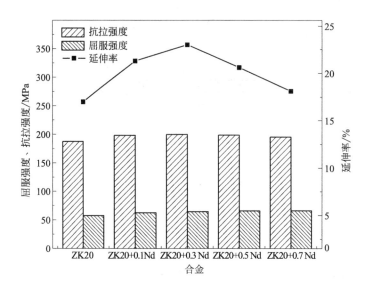

图 2-19 ZK20+xNd 合金的铸态室温拉伸性能

ZK20＋0.3Nd 合金的抗拉强度为 200MPa，比 ZK20 合金提高了 5％；延伸率为 25％，比 ZK20 合金提高了 45％。

当钕含量达 0.5％和 0.7％时，抗拉强度有所降低，而塑性降低幅度较大，这主要是由于呈网状分布上的合金相引起的。试验中发现，在 ZK20＋0.5Nd 和 ZK20＋0.7Nd 合金的拉伸断口上，有较多的晶间裂纹，如图 2-20 所示。

对铸态 ZK20＋xNd 合金，当钕含量大于 0.5％时，晶间存在的比较连续的 T_2 相造成晶界弱化或脆化。在室温下镁合金只有基面滑移可启动，同一晶粒内滑移方向一致，但相邻晶粒的滑移方向并不一致，因此需要晶界有较高的协调变形能力。在晶界处存在脆性连续化合物时，晶间脆性相承受变形和应力的能力较差，容易产生裂纹并促使裂纹扩展，使晶界在变形时失去充足的协调作用，极大地影响了合金的变形能力。变形中在脆性相上产生裂纹，导致沿晶断裂，使合金塑性显著降低抗拉强度有所降低[29]。

铸态 ZK20＋xNd 合金拉伸断口形貌如图 2-20 所示。

ZK20 合金的断口由撕裂棱和河流花样组成，属于典型的穿晶型脆性断裂，图中显示同一晶粒内的撕裂棱取向非常一致。而在加入 0.1％钕后，合金拉伸断口的微观形态没有明显的变化，仍是穿晶型脆性断裂。加入 0.3％钕后合金的断口形貌发生很大的变化，带有取向性的撕裂棱面积明显减小，撕裂棱变得不如 ZK20 尖锐。从断口上也能看到随钕含量增大，合金晶粒明显细化。

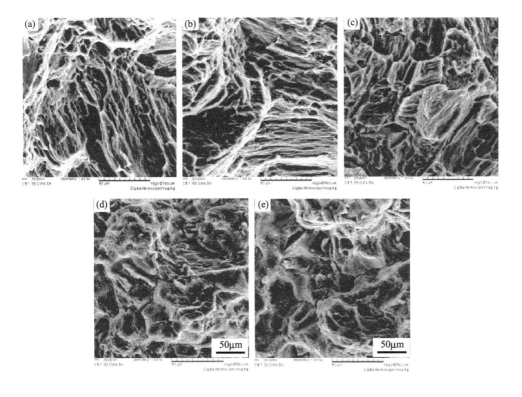

图 2-20 铸态 ZK20+ xNd 合金拉伸断口形貌

（a）ZK20；（b）ZK20＋0.1Nd；（c）ZK20＋0.3Nd；（d）ZK20＋0.5Nd；（e）ZK20＋0.7Nd

在加入 0.5％钕和 0.7％钕的合金中，断口上取向一致的撕裂棱基本消失，断口变得"平"了。而且晶间有明显的裂纹，这些裂纹的位置在晶界处的化合物上。可以确定的是，随着钕添加量的增加，受晶界处连续网状合金相的影响，合金断裂方式由穿晶断裂转变成了沿晶断裂[30,31]。

（3）稀土 Er 对 Mg-Sn 镁合金的变质作用[32]

铸态 Mg-5Sn-xEr（x＝0，2.0，4.0，6.0）合金的金相显微组织如图 2-21 所示，对应的 SEM 组织如图 2-22 所示。

从图 2-21 中可以看出，铸态 Mg-5Sn 合金中形成了粗大的网状树枝晶，生成的 Mg_2Sn 相小颗粒分布在枝晶臂之间或晶界处。当 Er 的加入量较少时，少量的 Er 对初生 Mg_2Sn 的尺寸和形态影响有限。当 Er 增加到 2％时，一些 Er 原子被推入到固-液界面处，另一些则吸附到正在生长的初生 Mg_2Sn 相生长前沿，并包附在正在生长的初生 Mg_2Sn 相，改变了 Mg_2Sn 的表面能，使外部的原子难于继续扩散到 Mg_2Sn 相上，因而阻碍了初生 Mg_2Sn 相的生长，并充分改变了初生

Mg_2Sn 的尺寸和形态，使 Mg_2Sn 由圆饼状转变为细小、弥散分布的颗粒状，原来的网状树枝晶被断续长条相所替代，有着规则形状的 Mg_2Sn 相逐渐减少，形成了不规则形状的稀土新相，使组织明显细化。当稀土 Er 添加量大于 4% 时，枝晶已经完全破碎，黑色的第二相呈颗粒状均匀分布在基体上，且随着 Er 含量的增加，第二相的含量越来越多。当稀土 Er 的添加量大于 6% 时，出现了更明显的新相，稀土 Er 还形成了三元的稀土相 ErMgSn（四方晶系），随着稀土元素含量的增加，新稀土相逐渐增多，呈不规则形状分布在基体上。

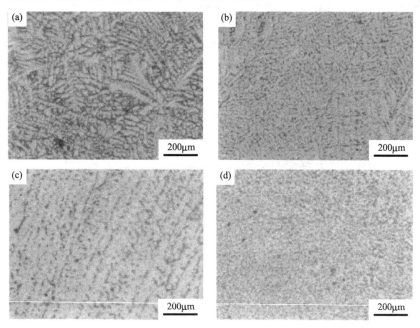

图 2-21 铸态 Mg-5Sn+ xEr 合金的金相显微组织
（a）Mg-5Sn；（b）Mg-5Sn-2Er；（c）Mg-5Sn-4Er；（d）Mg-5Sn-6Er

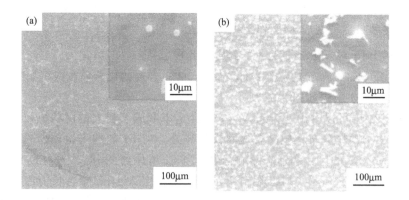

图 2-22

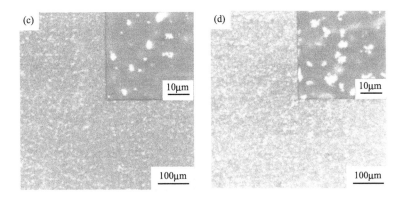

图 2-22 铸态 Mg-5Sn+ xEr 合金的 SEM 组织
(a) Mg-5Sn；(b) Mg-5Sn-2Er；(c) Mg-5Sn-4Er；(d) Mg-5Sn-6Er

参考文献

[1] 韩英芬. AZ91 镁合金中非金属夹杂物的去除研究 [D]. 西安：西北工业大学，2006.

[2] 胡文鑫，杨正华，陈国华，等. 稀土元素对镁合金组织结构与性能影响的研究进展 [J]. 稀土，2014，35 (05)：89-95.

[3] 陈健美，张新明，邓运来，等. 镁合金熔炼的热力学 [J]. 中南大学学报（自然科学版），2006 (03)：427-432.

[4] 孙明，吴国华，王玮，等. 镁合金纯净化研究现状与展望 [J]. 材料导报，2008 (04)：88-92.

[5] 张绍兴，朱德云. 含锆铸造镁合金的夹杂物及偏析 [J]. 特种铸造及有色合金，1983 (3)：56-60.

[6] 郭旭涛，李培杰，曾大本，等. 混合稀土去除再生镁合金中的夹杂 [J]. 中国有色金属学报，2004，14 (8)：1295-1300.

[7] 刘楚明，朱秀荣，周海涛. 镁合金相图集 [M]. 长沙：中南大学出版社，2006.

[8] Ghorbani M R，Emamy M，Khorshidi R，et al. Effect of Mn addition on the microstructure and tensile properties of Al-15% Mg$_2$Si composite [J]. Materials Science and Engineering：A，2012，550：191-198.

[9] 胡汉起. 金属凝固原理（第2版）[M]. 北京：机械工业出版社，2000.

[10] Wang Z L. Transmission Electron Microscopy of Shape-Controlled Nanocrystals and Their Assemblies [J]. Journal of Physical Chemistry B，2012，104 (6)：1153-1175.

[11] 侯静. Al-P 中间合金对含 Si 镁合金细化与变质行为的研究 [D]. 济南：山东大学，2012.

[12] 范晋平，王浩，武改林，等. Ce 对 Mg-5Si 合金中初生 Mg-2Si 相变质的影响 [J]. 材料研究学报，2019，33 (09)：683-690.

[13] 崔忠圻，覃耀春. 金属学与热处理第 2 版 [M]. 北京：机械工业出版社，2011.

[14] Qin Q D，Zhao Y G，Zhou W，et al. Effect of phosphorus on micro-structure and growth manner of primary Mg2Si crystal in Mg2Si/Al composite [J]. Mater. Sci. Eng.，2007，447A：186.

[15] Ghandvar H，Idris M H，Ahmad N，et al. Effect of gadolinium addition on microstructural evolution

and solidification characteristics of Al-15% Mg2Siin-situ composite [J]. Mater. Charact., 2018, 135：57.

[16] 李克，李健，胡斐，等. Ce 对 Mg-3Al-2.5Si 合金中初生 Mg-2Si 相的变质作用与机理 [J]. 有色金属工程，2019，9（01）：19-24.

[17] Bramfitt B L. The effect of carbide and nitrideadditions on the heterogeneous nucleation behavior of liquidiron [J]. Metallurgical Transactions，1970，1（7）：1987-1995.

[18] 何杰，许振嘉. Ce-Si 多层膜中铈硅化物的形成 [J]. 半导体学报，1990，11（12）：964-969.

[19] 臧树俊，周琦，马勤，等. 金属间化合物 Mg_2Si 研究进展 [J]. 铸造技术，2006，27（8）：866-870.

[20] 张忠明，徐春杰，郭学锋，等. Ce、Y、Sb 对 Mg-9Al-6Si 合金中 Mg_2Si 相形貌的影响 [J]. 铸造技术，2009，30（9）：1157-1160.

[21] 臧树俊，周琦，马勤，等. 金属间化合物 Mg_2Si 研究进展 [J]. 铸造技术，2006，27（8）：866-870.

[22] 杜军，吕信裕，李文芳. 稀土 Ce 对过共晶 Mg-Si 合金中初生 Mg_2Si 相变质的影响 [J]. 材料工程，2011，41（6）：1-4.

[23] 任政，张兴国，房灿峰，等. Mg-Al 基镁合金晶粒细化的研究进展 [J]. 2008，22（1）：98-101.

[24] Rzychoń T，Kielbus A. Effect of rare earth elements onthe microstructure of Mg-Al alloys [J]. Journal of Achievementsin Matreials and Manufacturing Engineering，2006，17（1）：149-152.

[25] 赵亚忠. 高塑性稀土变形镁合金的研究 [D]. 重庆大学，2010.

[26] 黄明丽，杨金艳，李洪晓，等. Mg-Zn-Nd 系富镁角 300℃局部相平衡研究 [J]. 材料与冶金学报，2008（6）：126-129，142.

[27] 黄明丽，李洪晓，杨金艳，等. Mg-Zn-Nd 合金中低 Nd 三元化合物 T_1 相的研究 [J]. 金属学报，2008（4）：385-390.

[28] Huang M L，Li H X，Ding H，et al. A ternary linear compound T2 and its phase equilibrium relationships in Mg-Zn-Nd system at 400℃ [J]. Journal of Alloys and Compounds，2010，489：620-625.

[29] 杨友，刘勇兵，方懿. AZ91D＋xNd 压铸镁合金拉伸和疲劳断裂模式 [J]. 2007，56（1）：41-45.

[30] 廖景娱，梁思祖，梁耀能. 金属构件失效分析 [M]. 北京：化学工业出版社，2003：50-69.

[31] 陈水先，张辉，严琦琦，等. 热处理对挤压镁合金 ZK60 拉伸变形与断裂行为的影响 [J]. 金属热处理，2008，33（6）：85-88.

[32] 马春华，张丁非，柴森森，等. 铒对铸态 Mg-5Sn 合金的变质作用研究 [J]. 中国稀土学报，2012，30（06）：686-692.

第3章

含稀土镁合金变形行为
及变形态性能

变形态镁合金的力学性能比铸态合金更高，其主要原因是经过塑性变形，镁合金收缩类铸造缺陷得到一定程度地修复，而且合金组织得到细化。稀土元素除了起固溶和时效强化作用外，在镁合金热加工时还阻碍动态再结晶，从而获得均匀细小的再结晶晶粒。

3.1
镁合金塑性变形机制及其加工工艺

3.1.1 镁合金的塑性变形机制

镁具有密排六方晶体结构，见图 3-1。密排六方晶体在室温下只有 1 个滑移面 (0001)，也称基面、底面或密排面。滑移面上的 3 个密排方向 $[1\bar{1}20]$、$[2\bar{1}\bar{1}0]$ 和 $[\bar{1}2\bar{1}0]$ 与滑移面组成了滑移系，也就是说，密排六方晶体在室温下只有 3 个滑移系，其塑性比面心和体心立方晶体都低[1]。

（1）镁合金塑性变形的滑移机制

多晶镁合金在外力作用下发生塑性变形时，会沿滑移面发生滑移，滑移的本质是位错的运动。晶体开始滑移必须有一定大小的临界切应力。镁在不同滑移面上的临界切应力与温度有密切关系。在室温下，产生基面 $\{0001\}\langle 1\bar{1}20\rangle$ 滑移的临界切应力要比棱柱滑移面的临界切应力低一个数量级，因此镁合金室温下只有基面滑移产生。在较高温度下，棱柱滑移面的临界切应力下降，才可能发生棱柱滑移。

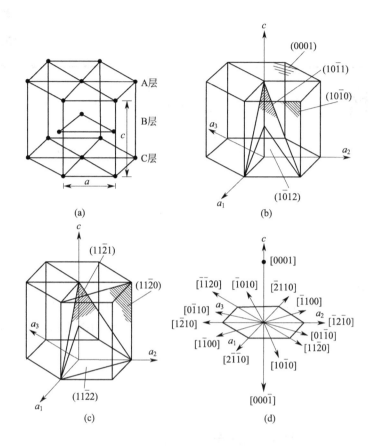

图 3-1 金属镁的密排六方晶体结构
(a) 晶胞；(b) 与（10$\bar{1}$0）相交的晶面；(c) 与（11$\bar{2}$0）相交的晶面；(d) 基面上的晶向

基于以上分析，虽然镁合金在拉伸时比较脆，但其承受压应力时密排六方晶体结构的位错运动速率对应力敏感，在应力有稍许提高时，位错运动的速率会大幅度增加，同时在形变过程中位错密度也随应变增加而增殖。位错的运动和增殖会使位错在变形过程中很快互相缠结、钉扎以及受晶界的阻碍而终止运动。低温下镁基体的滑移系少，层错能低，难以进行交滑移，因此多产生单系滑移，滑移线容易形成一组平行线，为典型的基面滑移。如果镁合金在高温下变形，当滑移受阻时，位错可以通过交滑移运动，塑性变形比较容易。

（2）镁合金塑性变形的孪生机制

除滑移外，孪生是镁合金另一种重要的塑性变形方式。与滑移类似，孪生的切变也是沿着特定的晶面和特定的晶体方向发生，镁的孪生面为$\{10\bar{1}2\}$，孪生方向为$<10\bar{1}1>$。

变形时孪生是否出现与晶体的对称性有密切关系。镁在室温下基面滑移的临界切应力虽然比孪生所需要的切应力低，但由于其对称性较低，滑移系统少，在晶体取向不利于滑移时，孪生就成为重要的塑性变形方式。孪生所引起的晶体变形量并不大，因此它对镁晶体形变的影响与滑移相比只占次要地位，一般对总变形量的贡献不超过10%。由于多晶体镁合金中晶体取向的随机性，在变形初期晶粒往往需要进行不断的调整以有利于滑移的进行，在从铸态组织转变为变形组织这一变形阶段，镁基体中容易产生大量的孪生变形，随变形的进行，孪晶的尺寸会减小，孪晶也会相互碰撞，TEM 观察可见变形组织中大量的孪晶像。孪生变形对镁合金板材轧制是十分有利的，孪生的协调作用有利于滑移进一步发展，使镁合金变形能力提高。

（3）镁合金塑性变形的晶界滑动机制

大尺寸晶粒塑性变形机制是镁合金中典型的滑移和孪生机制，而在含有小尺寸晶粒镁合金中，小晶粒通过晶界的滑动来协助大晶粒变形，两种机制共同作用提高了合金的变形能力。由于晶粒细小，增加了可以滑动的晶界表面积，从而使变形容易，通过晶界滑动的变形机制发生塑性形变。

小尺寸晶粒之间的协调比大尺寸晶粒容易，晶界的滑移较为频繁。小晶粒的晶界滑移、转动同时受其周围大尺寸晶粒的位置、形状和变形行为的影响。常规镁合金再结晶后晶粒尺寸一般在$50\mu m$以上，主要依靠滑移和孪生机制发生作用，延伸率不高。加入稀土后可获得很细小的晶粒，当大尺寸晶粒进行塑性变形过程中，位错在晶界受阻时，小晶粒可在中间起到协调作用，使变形晶界处的应力集中获得释放，提高合金塑性变形能力。

纯镁的轴比$c/a=1.6235$，小于1.732，在多晶体结构中，滑移只是发生在基面与拉力方向倾斜的那些晶体内，但是由于晶体最终要转向与拉力方向平行，因而滑移动过程将会受到极大的限制。由于在这种取向下孪生很难发生，所以晶体很快就会出现脆性断裂。虽然镁合金在拉伸时表现得比较脆，但其承受压应力时却会表现出较好的塑性，因而挤压、锻造、轧制和冲压等压力加工方法都很适合于镁合金的塑性成型。镁合金在受压应力时，一旦滑移面趋向平行于受力方向，镁晶体中的滑移系虽然停止运动，但外力的持续增加往往会导致孪生的发生，一旦发生孪生，在孪晶内由于晶体取向的变化，滑移面不再平行于受力方向，原有的滑移系又会继续启动，直到断裂，塑性变形才会结束。

温度对镁合金的塑性变形能力也有影响，在温度高于250℃左右时，镁晶体中的附加滑移面$\{10\bar{1}1\}$角锥面开始作用，变形容易得多，孪晶也变得不重要了。随温度的继续升高，原子振幅的增加，使原子密度最大和次大面的差别减小，除了基面和角锥面的滑移外,角锥体平行面{10$\overline{1}$2}滑移也会启动,如图 3-1(c)所示,同时回复、再结晶而造成的软化,使镁合金同其他金属一样具有较高的塑性。此外,镁合金的塑性变形能力不仅与加载形式(拉伸或压缩)和变形温度有关,而且还与其晶粒的大小和变形速率有关。

3.1.2 镁合金塑性加工工艺

（1）传统塑性变形加工工艺

受冷却凝固及充型条件限制,铸态镁合金晶粒粗大且形状不规则,强度、硬度普遍较低,还可能存在气孔、偏析、疏松、缩孔、夹杂等缺陷。对铸态镁合金进一步采用轧制、挤压、锻造等塑性加工方法可以细化晶粒,提高力学性能。

轧制用于生产镁合金板材。镁合金塑性较差,室温下直接轧制易开裂,难以进行冷变形,因而通常采用热轧或温轧。单向轧制作用于密排六方结构的镁合金产生较强的基面织构,会大大降低合金的性能及成型能力。张青来等[2] 研究表明,采用交叉轧制生产 AZ31 镁合金板材能够弱化基面织构,并且能使板材组织更加均匀,显著提高伸长率。夏伟军等[3] 利用新型等径角轧制方法生产 AZ31 镁合金,合金伸长率高达 43%。等径角轧制使板材基面织构弱化,在 300℃的轧制温度下各向异性基本消失,板材力学性能良好。詹美燕等[4] 采用累积轧制的方法加工 AZ31 镁合金板材,使晶粒细化到 3.16μm,轧制件抗拉强度达 303MPa,平均伸长率为 29%。

挤压用于生产型材、棒材、管材。其中,热挤压成型已被广泛应用,在热挤压过程中需要控制好挤压温度、挤压比和挤压速度。目前镁合金的挤压方式除了常规挤压,还开发出了等径角挤压、变通道挤压和往复挤压等新型挤压工艺。

在镁合金强化方面锻造的作用比轧制和挤压弱一些。在对镁合金进行锻造时,需要控制好锻造温度。锻造温度一般取合金固相线以下 55℃左右,取决于合金元素种类及含量。温度过高时,镁合金容易氧化晶粒容易长大,力学性能降低;温度过低,如低于 200℃时,合金容易发生开裂或断裂。任政等[5] 采用大变形多向锻造的方法对 AZ31 镁合金进行塑性变形加工,得到的合金晶粒显著细化,其合金抗拉强度达到 275.6MPa,伸长率高达 19.1%,力学性能相对于铸态合金有了明显提升。

（2）新型成型工艺

在高强镁合金的制备中新的成型工艺也得到应用,如快速凝固技术、大塑性变形技术、超声处理熔体技术、半固态成型工艺和注射成型工艺等。

1）快速凝固技术

相比于传统工艺,快速凝固技术以极大的过冷度使合金结晶,其冷却速度为

$10^3 \sim 10^6$ K/s。此技术可使合金获得常规铸造条件下无法获得的合金相结构和显微组织。在快速凝固技术的基础上，发展了快速凝固粉末冶金（RS/PM）法。利用 RS/PM 法 M. Nishida 等[6] 制备了平均晶粒半径仅为 $100 \sim 200$nm 的高强纳米镁合金，该合金抗拉强度高达 610MPa，伸长率为 5%。也有报道利用快速凝固技术制备出了抗拉强度达到 935MPa，比强度为 480MPa/(g·cm^{-3}) 的超高强度镁合金。

2）大塑性变形技术

利用大塑性变形（SPD）可获得超细小晶粒及织构，晶粒尺寸最小可达 1μm，属于超细晶材料，其力学性能及使用性能大幅度提高。利用 SPD 技术可获得高强高韧镁合金。目前已被开发应用的 SPD 技术主要包括等径角挤压（ECAP）、等径角轧制（ECAR）、累积叠轧（ARB）、高压扭转（HPT）、往复挤压（CEC）和多向锻造（MF）等。其中 ECAR、CEC、HPT 是 SPD 技术的热点研究方向。

在等径角挤压（ECAP）时，使坯料通过挤压模具型腔中的转角，使其局部受到大剪切应力的作用，获得较大应变量的累积叠加，促使晶粒通过动态再结晶而细化。M. Mabuchi 等[7] 采用 ECAP 方法加工 AZ91 镁合金，晶粒尺寸细化到 1μm，在 200℃下该合金延伸率达 660%。H. K. Lin 等[8] 利用 ECAP 对 AZ31 镁合金进行变形，将晶粒尺寸由 75μm 细化至 0.7μm。

3.2
ZK20+ xRE 镁合金挤压态组织性能研究

钕的原子序数为 60，相对原子量为 144.24。钕为银白色金属，熔点 1024℃，密度 7.004g/cm^3。1841 年瑞典化学家莫桑德尔从铈土中得到镨、钕的混合物；1885 年奥地利的韦耳斯拔分离出绿色的镨盐和玫瑰色的钕盐，并确定它们是两种新元素。钕是最活泼的稀土金属之一，在空气中能迅速变暗，生成氧化物；在冷水中缓慢反应，在热水中迅速反应。钕在地壳中的含量为 0.00239%，主要存在于独居石和氟碳铈矿中。铈的原子序数为 58，相对原子量为 140.115。铈为铁灰色金属，有延展性，熔点 799℃，沸点 3426℃，密度 6.6574g/cm^3。铈是稀土元素中除镨以外化学性质最活泼的元素，它在室温下容易氧化，在冷水中缓慢分解，在热水中反应加快。大多数铈盐及其溶液为橙红色到橙黄色，具有反磁性和强氧化性。铈在地壳中的含量约为 0.0046%，是稀土元素中丰度最高的。

少量的铈和钕在镁合金中就可净化镁合金液，改善铸造性能。较多的铈和钕可以明显细化晶粒，改善微观组织，还能通过析出强化、少量的固溶强化来提高镁合金的常温和高温力学性能。铈和钕在室温和高温下具有固溶强化和沉淀强化作用，能改善高温抗拉性能、蠕变性能以及耐腐蚀性能。

3.2.1　ZK20+ xNd 镁合金挤压态组织性能

塑性加工可以有效地改善镁合金显微组织，提高合金的力学性能，对镁合金塑性加工技术的研究成为镁合金研究和发展的重要方向。通过锻造、挤压、轧制、拉拔以及冲压等加工方法制备的镁合金零件，具有更高的强度及塑性，为镁合金的应用奠定了坚实的基础。

影响镁合金塑性加工性能的因素除变形温度和变形速度外，还取决于变形时的应力状态。挤压变形使材料具有三向不等值压缩应力状态，对塑性变形最为有利[9]，因此选择了挤压成型。

（1）合金均匀化态组织

在工业生产条件下，镁合金铸造时冷却速度快，铸锭难以得到完全平衡的组织，晶内产生枝晶偏析，晶界处容易生成低熔点合金相，造成铸锭成分和组织的不均匀。在变形过程中，由于铸锭的成分及组织不均匀，铸锭各部位变形程度不一致，动态再结晶不均匀和不稳定，加之晶界处存在低熔点合金相，容易形成裂纹源而产生裂纹，均使合金塑性变形能力降低。为了改善铸锭成分及组织不均匀性，提高热加工能力，需要对镁合金进行均匀化退火。

在挤压前对所有合金均进行了均匀化退火，退火工艺为：420℃×10h，空冷。ZK20＋xNd 合金均匀化态的 SEM 组织见图 3-2。

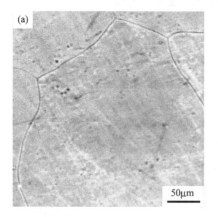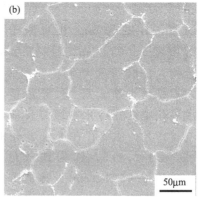

图 3-2 ZK20+ xNd 合金均匀化态的 SEM 组织
（a）ZK20；（b）ZK20＋0.5Nd

观察均匀化态合金的组织可知，ZK20合金具有较为粗大的晶粒，当加入钕后，合金晶粒均小于$100\mu m$，随钕添加量的增加晶粒尺寸不断变小。均匀化退火使ZK20中的MgZn相全部固溶到基体中，使ZK20+0.5Nd合金中大部分含稀土合金相固溶到基体中，在原晶界处存在较多颗粒状细小残余合金相，大部分颗粒尺寸小于$2\mu m$，少部分尺寸较大，呈颗粒状或长条状。这些残余合金相对其后的变形行为及挤压态合金性能均有较大的影响。

ZK20+xNd均匀化态的基体及合金相的EDS分析结果如表3-1所示。均匀化退火后合金相是铸态残留的，EDS分析表明含有Zn、Mg、Nd，它仍是T_1和T_2相。

表3-1　ZK20+ xNd合金均匀化态的基体及合金相的 EDS 分析结果

合金	基体中元素含量 /%（质量分数）		合金相中元素含量 /%(质量分数)			
	Mg	Zn	Mg	Zn	Nd	Zr
ZK20	99.01	0.99	—	—	—	—
ZK20+0.5Nd	98.95	1.05	57.76	27.68	14.57	0.243

（2）钕对挤压态合金组织及合金相的影响

1）钕对ZK20+xNd合金组织的影响

挤压态ZK20+xNd合金的显微组织及合金相形态见图3-3。

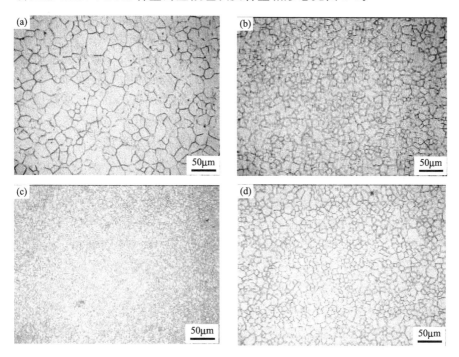

图 3-3

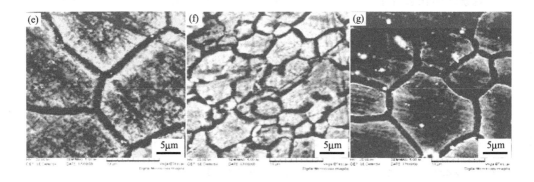

图 3-3 挤压态 ZK20+ xNd 合金的显微组织及合金相形态

(a) ZK20；(b) ZK20＋0.3Nd；(c) ZK20＋0.5Nd；(d) ZK20＋0.7Nd；

(e) ZK20，SEM；(f) ZK20＋0.5Nd，SEM；(g) ZK20＋0.7Nd，SEM

挤压态 ZK20 合金的金相组织为 α 镁基固溶体。XRD 结果表明，Zn 和 Zr 基本固溶于基体中。当加入小于 0.3％的钕时，合金元素钕也固溶于基体中；当钕含量为 0.5％时才有少量尺寸在 1～3μm 的 Mg-Zn-Nd 三元合金相在晶粒内和晶界上析出；当钕含量为 0.7％时，析出的三元合金相数量增多，在扫描电镜下呈现白亮色的颗粒。

挤压态 ZK20 合金的平均晶粒尺寸为 21.7μm，钕添加使挤压态合金组织得到细化，平均晶粒尺寸降低到 12μm 以下，细化效果非常明显。随着钕添加量的增加，晶粒越来越细，并在 0.5％Nd 时达到最细，晶粒尺寸在 5μm 之下。对镁合金来说，用常规加工方法很难得到这样的细晶组织。ZK20＋xNd 合金在挤压变形时发生了动态再结晶，在动态再结晶时，钕元素有效地细化了晶粒，使含 0.5％Nd 的合金晶粒最为细小和均匀。当加入 0.7％Nd 时，晶粒稍微增大，可能与第二相对挤压过程的影响有关。

2）钕对 ZK20 合金相的影响

挤压态 ZK20 合金的能谱分析如图 3-4 所示，挤压态 ZK20 合金在扫描电镜下没观察到合金相，非平衡凝固下的 MgZn 相固溶到了基体中。

挤压态 ZK20＋0.5Nd 合金在晶界上及晶粒内部存在白色合金相，根据 Nd 和 Zn 比可初步判断合金相为 T_1 和 T_2。

（3）钕对挤压态合金室温拉伸性能的影响

钕对挤压态合金强度及塑性的影响见图 3-5 和图 3-6。

挤压态 ZK20 合金的抗拉强度为 227.2MPa，屈服强度为 139.3MPa，延伸率为 21.8％。随着钕添加量的增加，挤压态合金的强度略有增加，0.1％的钕添加使抗拉强度提高不到 4MPa，随钕含量增加，合金强度有微小的增加，到 0.5％时达

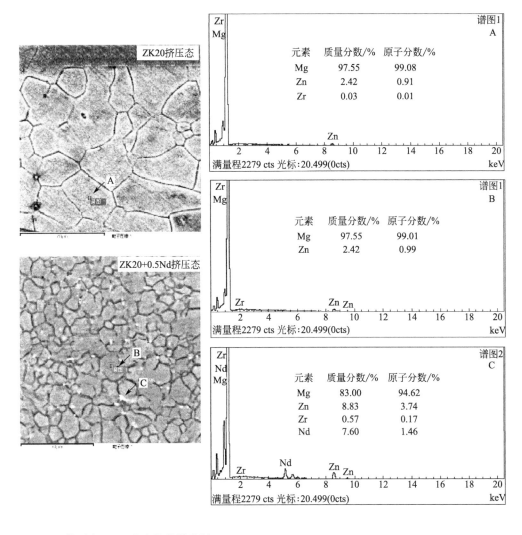

图 3-4　挤压态 ZK20 合金的能谱分析

到最大值（237.4MPa），比不加合金时增大了 5％左右。与抗拉强度相比，钕添加使屈服强度增大更为明显，0.1％～0.7％的钕添加量使合金屈服强度提高到 150MPa 之上，最大的提高幅度为 10％。

　　钕添加使挤压态合金塑性有了较大幅度提高，0.1％的钕添加使延伸率从 21％提高到 30％左右，其后随钕添加量增加，延伸率有微小地增加，到 0.5％Nd 时达到最大值（32.8％），比不加合金时增加了 50％以上。

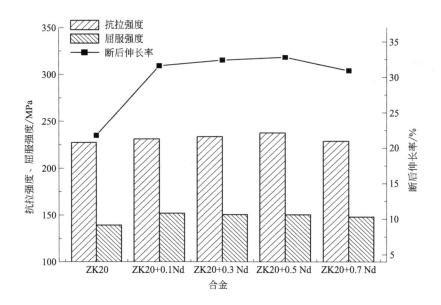

图 3-5 挤压态 ZK20+ xNd 合金的室温拉伸性能

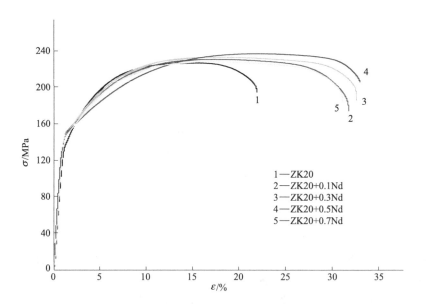

图 3-6 挤压态 ZK20+ xNd 合金的室温拉伸曲线

在本系列合金中，挤压态 ZK20＋0.5Nd 合金的性能最好，其抗拉强度为

237.4MPa，屈服强度为 150.1MPa，延伸率为 32.8%。它塑性较高的原因主要是晶粒细小。挤压态 ZK20＋0.5Nd 合金的晶粒尺寸为 4.9μm，在变形过程中，如此小的晶粒能大大减小应力集中程度，而且更多的晶界起到变形协调作用，使合金具有良好的塑性变形能力。

钕固溶到基体中能使基体的轴比降低，有利于变形时非基滑移系启动，从而提高塑性。原子分数 1%钕能使轴比降低 0.34%[10]。根据 XRD 实验结果：ZK20 合金的轴比为 1.62281，ZK20＋0.5Nd 合金的轴比为 1.6224，降低幅度为 0.0253%，因此在本系列合金中 ZK20＋0.5%Nd 塑性最高。

在热挤压时，镁合金铸态组织存在的缩松、气孔等缺陷在挤压变形时被焊合，导致合金内部缺陷数量及尺寸减少，这是挤压态镁合金性能高于铸态合金的原因之一。

（4）钕对挤压态合金拉伸断口的影响

挤压态 ZK20＋xNd 合金的拉伸断口见图 3-7。挤压态 ZK20 合金的断裂面较为粗糙，断口由较大的解理断裂面、明显的平行状撕裂棱及极少量的韧窝组成，属于脆性断裂为主的混合断裂形貌。

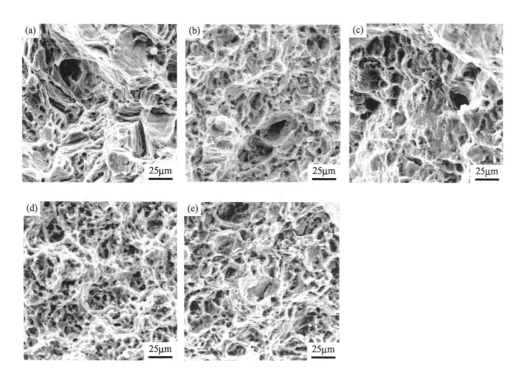

图 3-7 挤压态 ZK20+ xNd 合金的拉伸断口

（a）ZK20；（b）ZK20＋0.1Nd；（c）ZK20＋0.3Nd；（d）ZK20＋0.5Nd ；（e）ZK20＋0.7Nd

当钕添加量为 0.1％和 0.3％时，合金断口上的平行状撕裂棱变少而且不尖锐，解理面面积减少，韧窝增多，断口转变为具有脆性和韧性断裂的混合断裂。当钕添加量为 0.5％和 0.7％时，合金断口由不尖锐的撕裂棱和大量较深的韧窝组成，转变为以韧性断裂为主[11,12] 的断口。此外，断口组织随钕含量的增大而不断变细，是晶粒细化的体现。含钕 0.5％的合金韧窝最多，撕裂棱明显不尖锐，韧性断裂特征极为明显。

在断后的 ZK20+0.5Nd 合金拉伸试样上出现了明显的缩颈，室温拉伸的应力-应变曲线上也出现了明显的屈服台阶，这些均是韧性断裂的特征。

（5）均匀化退火对挤压态合金断口的影响

ZK20 与 ZK20+0.5Nd 均匀化与否的挤压态断口 SEM 形貌如图 3-8 所示。ZK20 未经均匀化退火直接挤压后的断口以穿晶断裂为主，晶内是面积较大的解理面，晶界处有较多的撕裂棱。经 390℃K×10h 退火后，断口仍是脆性穿晶断口，晶粒内部的解理面取向各不相同，晶界处的撕裂棱很少。这反映了晶界处的合金相溶入基体、晶内元素更均匀、晶界得到强化的变化趋势。

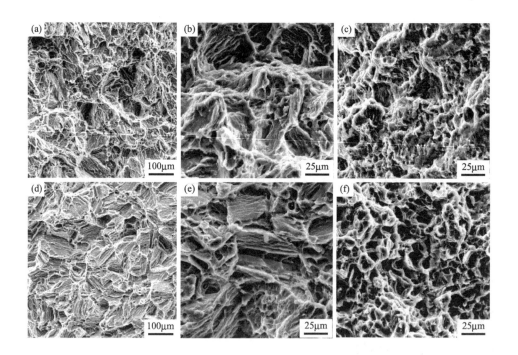

图 3-8　ZK20 和 ZK20+ 0.5Nd 均匀化与否的挤压态断口 SEM 形貌

（a）ZK20，未退火；（b）ZK20，未退火，高倍；（c）ZK20+0.5Nd，未退火；

（d）ZK20，390℃×10h 退火；（e）ZK20，390℃×10h 退火，高倍；（f）ZK20+0.5Nd，390℃×10h 退火

ZK20＋0.5Nd 未均匀化直接挤压后的断口比 ZK20 细小，断口形态为蜂窝状，断面上的撕裂棱及解理面非常少，具有韧性断裂的特征。均匀化后再挤压的断口，断口形态亦为蜂窝状，与未经退火的相比，晶界处的撕裂棱更少，"蜂窝"更深更均匀。在合金断裂时，产生更深、更均匀的蜂窝状深坑，产生较多的塑性变形，需消耗更多的能量，体现了合金较好的塑性及韧性[13]。

稀土钕不仅能细化 ZK20 合金铸态组织，也使不均匀化退火直接挤压的合金以及退火后再挤压的 ZK20 合金组织细化。ZK20＋0.5Nd 合金改变了均匀化退火使 ZK20 挤压态强度降低的不良影响，加入钕使退火温度间的差异减少。

（6）从铸态到挤压态合金组织性能的变化

以 ZK20 和 ZK20＋0.5Nd 为例说明一下从铸态到挤压态合金的组织演变过程，见图 3-9。ZK20 及 ZK20＋0.5Nd 合金铸态性能及挤压态性能对照如图 3-10 所示。

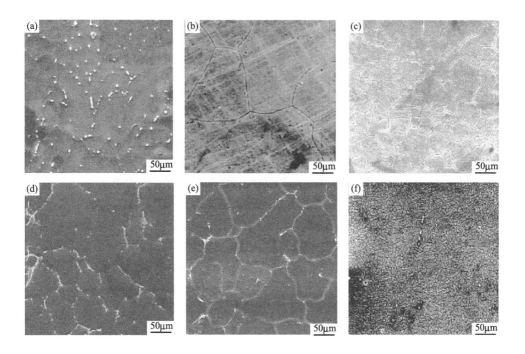

图 3-9　ZK20 与 ZK20＋0.5Nd 从铸态到挤压态合金的组织演变过程
（a）ZK20 铸态；（b）ZK20 均匀化态；（c）ZK20 挤压态；
（d）ZK20＋0.5Nd 铸态；（e）ZK20＋0.5Nd 均匀化态；（f）ZK2＋0.5Nd 挤压态；

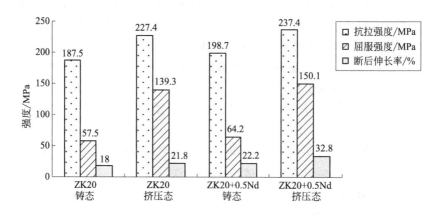

图 3-10　ZK20 及 ZK20+ 0.5Nd 合金铸态性能及挤压态性能对照

铸态 ZK20 合金中 MgZn 二元合金相为颗粒状,存在于铸态晶界及枝晶臂间,在均匀化退火后,MgZn 相全部固溶到基体中去。在挤压过程中,由于动态再结晶,晶粒明显得到细化,形成了大小不一的等轴晶。ZK20 合金均匀化退火后晶粒尺寸达 238.8μm,挤压后平均晶粒直径为 23.9μm,细化作用明显。挤压态合金性能比铸态有了大幅度的提高,抗拉强度由铸态的 187.5MPa 增至 227.4MPa,延伸率由铸态的 18% 增至 21.8%。

ZK20+0.5Nd 合金铸态下的 T_1 和 T_2 三元合金相为晶间断续网状,在均匀化退火后,T_1 和 T_2 相部分固溶到基体中去,也有少量在晶间呈块状存在。但由于钕在镁中的扩散速度很低,即使固溶到基体中的合金元素,在晶界附近的浓度仍然较高,以致在均匀化后的冷却过程中,沿晶界处仍有细小的合金相析出。在挤压时动态再结晶过程中,由于基体中固溶钕的作用,新生成的等轴晶晶粒有所细化。那些没有固溶到基体中的少量三元合金相,挤压后呈颗粒状存在。ZK20+0.5Nd 合金铸态平均晶粒尺寸为 78.2μm,挤压后平均晶粒为 4.9μm,其性能比铸态有了大幅度的提高,抗拉强度由铸态的 198.7MPa 增至 237.4MPa,延伸率由铸态的 22.2% 增至 32.8%。

从上述可知,ZK20+xNd 镁合金经过挤压后,合金显微组织明显比铸态合金细小。其主要原因是在挤压过程中发生了动态再结晶。

动态再结晶的发生条件除与变形温度、速度、变形量有关系外,还与材料本身的性能有关。关于变形温度与应变速度对动态再结晶的综合影响,一般用 Zener-Hollomon 参数(Z 参数)来描述[14,15]:

$$Z = \dot{\varepsilon} \exp\left(\frac{Q}{RT}\right) \tag{3-1}$$

进而再结晶平均晶粒直径 d 与 Z 参数的关系如下:

$$\ln d = k \ln Z + b \tag{3-2}$$

式中，Z 为 Z 参数；$\dot{\varepsilon}$ 为应变速率；Q 动态再结晶激活能；R 为气体常数；T 热力学温度；d 为平均晶粒直径；k 和 b 均为常数。

此外，应力与动态再结晶晶粒大小也有密切关系，二者关系可表示为：

$$\sigma \propto d^{-n} \tag{3-3}$$

式中，n 为常数，在 $0.5 \sim 1.0$ 之间。可见 σ 越大，晶粒尺寸 d 越小。如在高流变应力下进行动态再结晶，能够较充分地细化晶粒。

挤压态合金的晶粒随钕添加量的增加而变小，到钕为 0.5% 时晶粒最细小，之后又有所长大，见图 3-11。

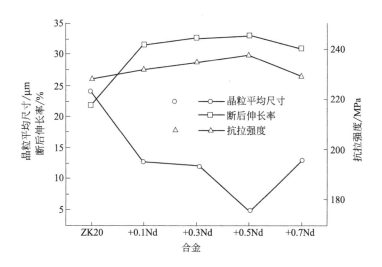

图 3-11 挤压态 ZK20+ xNd 晶粒大小与性能的关系

随着晶粒的细化，合金的延伸率和抗拉强度均随钕的加入呈增大的趋势，并在 0.5% 时达到最大值。

对挤压态合金的强度，一方面，晶粒细化提高了合金的强度；另一方面，随钕添加量的增大，基体中的 Zn 元素形成三元合金相，使 Zn 固溶强化作用减弱，造成了对强度的不利影响。综合起来看，钕添加提高合金强度的作用不如提高塑性的作用突出。

多种变形机制共同作用可提高镁合金在热变形时的塑性变形能力。合金热变形及再结晶退火后，在平均晶粒尺寸为 $50\mu m$ 以上的大晶粒中，变形机制以滑移和孪生为主，位错运动和增殖会使位错在变形过程中互相缠结、钉扎以及受晶界的阻碍而终止运动。孪生容易发生在不利于滑移的晶粒中促进塑性变形。而在 $5 \sim 20\mu m$ 的小晶粒中，晶界滑动机制发挥了重要作用，它可以协调大尺寸晶粒的变形而对提高镁合金变形能力起有益的补充作用。

3.2.2　ZK20+ xCe 镁合金挤压态组织性能

均匀化退火工艺为温度 420℃，保温 10h。挤压工艺为在 400℃保温 2h 预热，挤压筒温度 390℃，挤压速度为 3.5～5.5m/min，挤压比为 28。

（1）挤压态组织

挤压态 ZK20＋xCe 合金的组织见图 3-12。

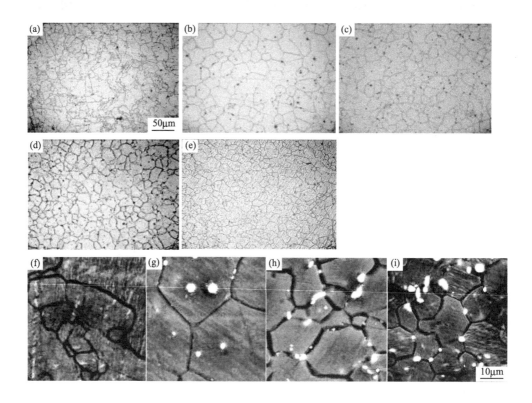

图 3-12　挤压态 ZK20+ xCe 合金的组织

(a) ZK20；(b) ZK20＋0.1Ce；(c) ZK20＋0.3Ce；(d) ZK20＋0.5Ce ；(e) ZK20＋0.7Ce；

(f) ZK20，SEM；(g) ZK20＋0.3Ce，SEM；(h) ZK20＋0.5Ce，SEM；(i) ZK20＋0.7Ce，SEM

挤压态 ZK20 合金的晶粒大小非常不均匀，局部有项链状的细晶组织，这是再结晶不充分的体现。在同样的条件下，在加入含 0.1%以上铈的合金，晶粒大小比较均匀，再结晶得到充分进行。随着铈添加量的增加，合金的晶粒尺寸有进一步变小的趋势，由 ZK20 + 0.3Ce 合金的 29.6μm 降低到 ZK20 + 0.7Ce 合金的 15.3μm。

挤压态 ZK20 合金的金相组织为 α-Mg 基固溶体，Zn 和 Zr 基本固溶于基体中。当铈添加量为 0.3％时，在晶粒内和晶界上才有少量的尺寸在 1～3μm 的合金相。当铈添加量为 0.5％和 0.7％时，合金相析出较多，在扫描电镜下呈现白亮的点。在挤压过程中，合金相并没有进一步固溶到基体中去，只是在应力作用下被破碎。

在合金凝固过程中，铈起成分过冷作用，细化了挤压前的铸态组织，在挤压时的动态再结晶过程中，固溶到基体中的铈对晶粒细化有利[16]。

（2）挤压态 ZK20+0.7Ce 合金相

挤压态 ZK20+0.7Ce 基体和合金相的 EDS 能谱分析结果见图 3-13。

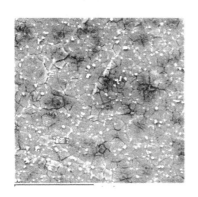

基体	质量分数/%	原子分数/%
Mg	98.32	99.41
Zn	1.44	0.54
Zr	0.07	0.02
Ce	0.17	0.03

合金相	质量分数/%	原子分数/%
Mg	94.98	98.42
Zn	3.26	1.25
Zr	0.13	0.04
Ce	1.64	0.29

图 3-13　ZK20+0.7Ce 基体和合金相的 EDS 能谱分析

挤压态 ZK20+0.7Ce 合金基体中含 0.17％的铈，而含有白色合金相的部位，Ce 与 Zn 含量亦较高。它是由 Mg、Zn、Ce 三种元素组成的，结合 XRD 分析，此时合金相类型没有改变，仍是 τ 相。

（3）挤压态合金力学性能及拉伸断口

挤压态 ZK20+xCe 合金力学性能见图 3-14。当铈添加量小于 0.5％时，合金的抗拉强度随着铈添加量的增加微弱增加。当铈添加量为 0.7％时，挤压态合金晶粒明显细化，合金中有较多的颗粒状 τ 相，使其抗拉强度有了较明显提高，达到 261.8MPa。随着铈添加量的增加，合金屈服强度不断增大，当铈达 0.7％时，屈服强度达到 98.2MPa。

加入铈后，合金的塑性有了较大幅度提高。0.1％的铈添加量使延伸率从 14.9％提高到 21.5％。其后随铈添加量的增大，塑性有微小的增加，到铈添加量为 0.7％时达到最大值（24.6％），比不加合金时增大了 44％。

经过挤压变形，在铸态合金枝晶间或晶界处存在的杂质以及网状和不连续网状合金相重新分布，它们变得更弥散，体积更小，起不到弱化晶界的作用，合金元素对强度和塑性的影响得到了充分体现。

由上可知，铈能明显改善挤压态合金的强度和塑性，0.7%的铈具有较优的改善合金力学性能的效果。

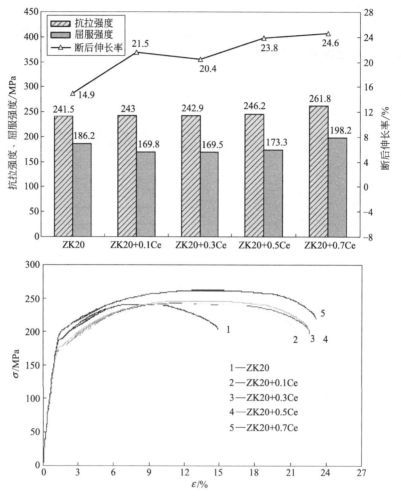

图 3-14 挤压态 ZK20+ xCe 合金力学性能

对挤压态 ZK20+xCe 合金室温拉伸断口的 SEM 形貌观察（见图 3-15）可知，不含铈的 ZK20 合金，断裂面较为粗糙，断口主要由较多的解理断裂面及较多的平行状撕裂棱和少量的韧窝组成，属于脆性断裂为主的断裂方式。

断口组织随铈添加量的增大而不断变细，体现了晶粒细化，同时断口上的韧窝不断增多，撕裂棱尺寸减小而且变"钝"，局部解理面数量及尺寸亦不断减小[17]。铈添加使合金断口呈现不尖锐撕裂棱与大量韧窝共存的形貌，属于韧性断裂为主的断裂机制。

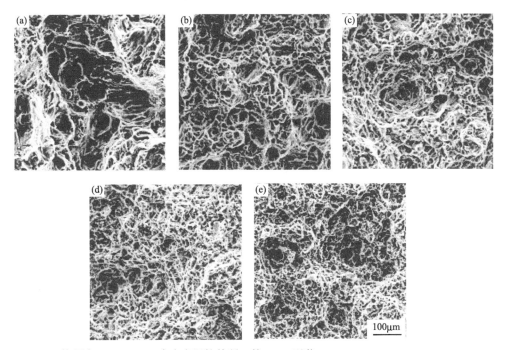

图 3-15 挤压态 ZK20+ xCe 合金室温拉伸断口的 SEM 形貌

（a）ZK20；（b）ZK20＋0.1Ce；（c）ZK20＋0.3Ce；（d）ZK20＋0.5Ce；（e）ZK20＋0.7Ce

3.2.3　ZK20+ xY 镁合金挤压态组织性能

（1）挤压态组织

ZK20 合金元素含量低且具有良好的热成型性能，但合金的强度和塑性不是很高。在 ZK20 合金中添加不同含量的稀土元素 Y，合金的强度和塑性都得到了不同程度的提高，在福特汽车公司该类合金已经用来生产汽车保险杠。目前关于 ZK20＋xY 系列变形态合金力学性能以及吸收能的相关研究报道还没有。通过检测合金的显微组织和力学性能研究合金中的第二相结构，优化稀土 Y 的添加量，研究 Y 含量对合金吸收能的影响[18]。

实验合金编号及其所对应的化学成分如表 3-2 所示。

▫ **表 3-2　实验合金编号及其所对应的化学成分（质量分数）**　　　　　　单位：%

合金编号	合金代号	Zn	Zr	Y	Mg
0#	ZK20	2.1	0.3	0	余量
1#	ZK20＋0.9Y	2.0	0.3	0.9	余量
3#	ZK20＋1.9Y	2.1	0.3	1.9	余量
5#	ZK20＋3.7Y	2.1	0.3	3.7	余量
7#	ZK20＋5.8Y	2.0	0.3	5.8	余量

通过光学显微镜（MDS）观察挤压态 ZK20＋xY 合金的显微组织，采用截线法测量平均晶粒尺寸，之后利用 Image Pro-plus 6.0（IPP 6.0）软件统计各合金的晶粒尺寸分布。各种挤压态 ZK20＋xY 合金的金相组织见图 3-16，合金平均晶粒尺寸和第二相体积分数见表 3-3。

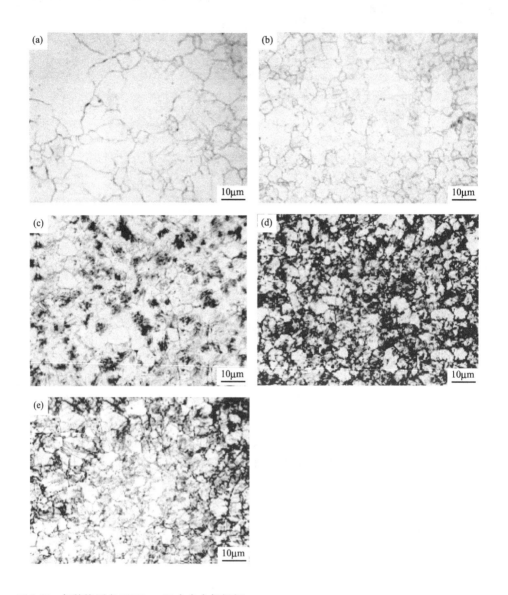

图 3-16 各种挤压态 ZK20＋xY 合金金相组织

(a) ZK20；(b) ZK20＋0.9Y；(c) ZK20＋1.9Y；(d) ZK20＋3.7Y；(e) ZK20＋5.8Y

合金编号	晶粒尺寸/μm	体积分数/%		Zn/Y
		W 相	LPSO 相	
0#	12.1±2.8	—	—	—
1#	8.4±1.5	2.7	—	2.2
3#	9.4±1.6	5.5	—	0.9
5#	6.9±1.5	—	12.3	0.57
7#	4.5±1.2	—	14.5	0.35

经过 IPP 统计，0#合金的平均晶粒尺寸为（12.1±2.8）μm。随着 Y 添加量的不断增大，挤压态合金的平均晶粒尺寸不断减小，晶粒尺寸的均匀性也越来越好。当 Y 含量达到 5.8%（质量分数）时，7#合金的平均晶粒尺寸达到（4.5±1.2）μm。

（2）均匀化退火态 ZK20+ xY 合金的合金相分析

为消除半连续铸锭枝晶偏析，进行 420℃×12h 的均匀化退火。对均匀化退火态试样在型号为 RIGAKU D/Max-2500PC 的 X 射线衍射仪（Cu 靶，Kα）上进行物相分析，确定各合金的合金相组成。XRD 工艺参数为：扫描速度 2（°）/min，扫描角度为 20°～90°，之后使用标准 PDF 卡片完成合金相的分析与标定。均匀化退火态 ZK20+xY 各合金的 XRD 图谱如图 3-17 所示。

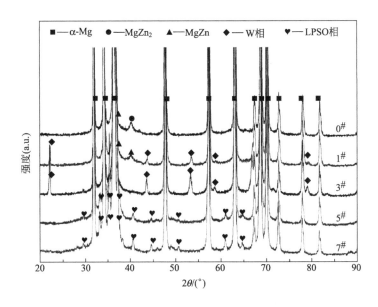

图 3-17　均匀化退火态 ZK20+ xY 合金的 XRD 图谱

从图 3-17 中可以看出，ZK20 合金（0#）中强度最高的衍射峰为 α-Mg，强度较弱的衍射峰为 MgZn 相和 MgZn₂ 相。ZK20-0.9Y 合金（1♯）的 MgZn₂ 相的衍射峰消失，W 相衍射峰出现。Zn 在 Mg 中的室温固溶度达到 6.2%（质量分数），在 1♯ 合金中 Zn 含量为 2.0%，Y 含量为 0.9%，因为 Y 的添加，部分 Zn 元素与 Mg、Y 形成了 W 相，使基体中的 Zn 含量降低，难以形成 MgZn₂ 相。ZK20-0.9Y 合金的相组成为：MgZn＋W 相＋α-Mg。ZK20-1.9Y 合金（3♯）的 W 相数量进一步增多，此时的合金组成为：W 相＋α-Mg。当 Y 添加量进一步增加，ZK20-3.7Y（5♯）合金中 W 相消失，出现了一种新的物相——LPSO 相，LPSO 相为长周期相，组成为 Mg₁₂YZn。ZK20＋5.8Y（7♯）合金的 LPSO 相衍射峰进一步增强，表明 LPSO 相进一步增多。通过 IPP 软件进行统计，ZK20-3.7Y（5♯）中 LPSO 相的体积分数为 12.3%，ZK20＋5.8Y（7♯）中 LPSO 相的体积分数增大到 14.5%。

D. Y Maeng 指出，MgZn 也是亚稳相。由于 MgZn 相数量微小，有时在 XRD 设备检测范围内不容易被检测出。

为弄清 ZK20-0.9Y 合金（1♯）均匀化退火对组织的影响，铸态和均匀化退火态 XRD 衍射图谱见图 3-18。

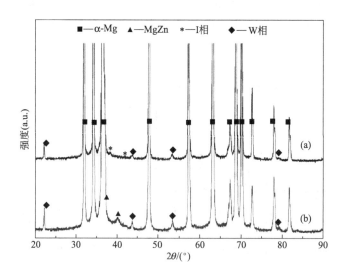

图 3-18 1# 合金的 XRD 衍射图谱
（a）铸态合金 （b）均匀化退火态合金

从图 3-18 中可知，铸态 1♯ 合金中含有少量 I 相，其组成为 Mg₃YZn₆，属于准晶相。在铸锭半连续铸造时，其冷却速度不高，因此获得的 I 相不稳定。在长时间均匀化退火后（420℃×12h），I 相发生了相变反应如下：

$$\text{Mg} + \text{I 相} \longrightarrow \text{MgZn} + \text{W 相} \tag{3-4}$$

因此 1# 合金中不出现 I 相和 $MgZn_2$ 相。

为了研究合金相的种类和结构，在 ZEISS LIBRA200 型场发射透射电镜（TEM）上对 ZK20＋5.8Y（7#）进行分析。7# 合金的明场相和选区衍射斑点（SAED）如图 3-19 所示，衍射斑标定后可知，LPSO 相为 14H 堆垛结构，其晶格常数为 $a=0.365nm$，$c=3.694nm$[19]。

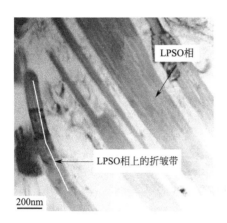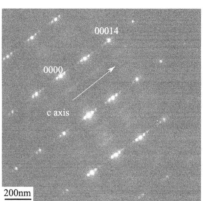

图 3-19　7# 合金的明场相和选区衍射斑点

挤压态 ZK20＋xY 合金的高倍形貌在 TESCAN 公司生产的 VEGA II LMU 型可变真空 SEM 上观察，并用 EDS 进行成分分析，扫描电压 20kV。挤压态 ZK20＋xY 合金 SEM 形貌照片如图 3-20 所示。

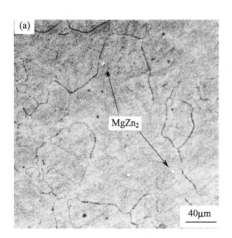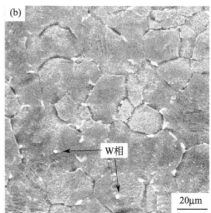

图 3-20

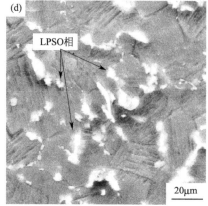
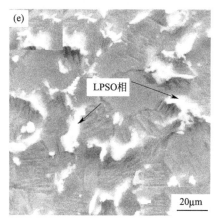

图 3-20 挤压态 ZK20+ xY 合金 SEM 形貌照片

(a) ZK20；(b) ZK20+0.9Y；(c) ZK20+1.9Y；(d) ZK20+3.7Y；(e) ZK20+5.8Y

LPSO 相和 W 相均为高熔点相，LPSO 相熔点 554℃，W 相熔点 521℃。在热变形过程中，高熔点第二相起阻碍晶界迁移的作用。有报道表明，在再结晶过程中 LPSO 相有效地阻碍晶粒长大[20]。在变形量很大时，在弥散分布的高熔点第二相周围产生高的内能，产生高的位错密度，在这些区域容易生成再结晶形核。第二相经过挤压破碎，弥散分布在基体上。这些在基体上分布的具有较高热稳定性的第二相，可以钉扎晶界并阻碍再结晶晶粒的长大，从而细化了晶粒，使挤压态合金再结晶晶粒均匀细小。

在 1♯合金中晶界上弥散分布着 W 相，使界面能降低，从而阻碍了再结晶晶粒长大。在 5♯和 7♯合金中，LPSO 相的体积分数远大于 W 相，而且经过均匀化退火后大量 LPSO 相以层片状形态存在，使得 LPSO 相阻碍再结晶晶粒长大的作用更显著。

（3）钇对挤压态 ZK20+ xY 合金力学性能及断口形貌的影响

板状拉伸试样从合金铸锭上利用线切割技术切取，每个成分分别准备三个试样。在新三思 CMT-5105 电子万能材料试验机上进行室温拉伸测试，拉伸速度为 3mm/min，测试每个合金的力学性能。在 TESCAN 公司 VEGA Ⅱ LMU 可变真空扫描电镜上进行断口形貌观察，扫描电压为 20kV。不同成分挤压态 ZK20＋xY 合金的室温力学性能如图 3-21 所示。

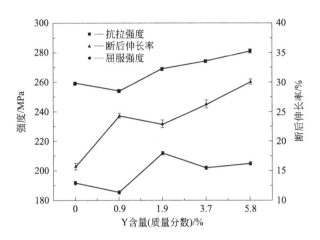

图 3-21 不同成分挤压态 ZK20+xY 合金力学性能

与 ZK20 相比，ZK20-0.9Y（1♯合金）的抗拉强度略有降低。随着 Y 含量的进一步增大，抗拉强度不断提高。与 ZK20 相比，当 Y 含量为 0.9％时，屈服强度减小，当 Y 含量为 1.9％时，屈服强度达到最大值（212±2）MPa；当 Y 含量进一步增加大到 3.7％时，屈服强度减小至（202±0.4）MPa；当 Y 含量达到 5.8％，屈服强度略有增大，达到（205±0.6）MPa。添加稀土元素 Y 后，挤压态合金的延伸率均得到了不同程度的提高。1♯合金的延伸率为（24.3±0.4）％；当 Y 含量从 0.9/％增大到 1.9/％时，延伸率略有降低；当 Y 含量达到 5.8％，7♯合金具有最优的综合力学性能，抗拉强度和延伸率分别达到（281±2）MPa 和（30.1±0.7）％。

屈服强度与合金晶粒尺寸有相当大的关系，其关系符合 Hall-Petch 公式。合金晶粒尺寸越细小，晶界密度越大，阻碍位错运动的障碍变得越多。因此，细化晶粒完全可以提高屈服强度。根据 Hall-Petch 公式来分析，1♯合金平均晶粒尺寸小于 0♯合金，1♯合金的屈服强度应该大于 0♯合金。然而，本书的力学性能测试结果是 1♯合金的屈服强度略低于 0♯合金。可能原因是：均匀化退火后 1♯合金中出现了少量的 MgZn 相。MgZn 相是亚稳相，产生过时效作用使合金屈服强度降低。

W 相为 fcc 晶体结构，与 Mg 基体的 hcp 晶体结构不同，因此 W 相和 α-Mg 之间的结合力并不是很大[21,22]。在 3♯合金中，随着 Y 含量增大，W 相的体积分数不断增大，达到 5.5%（体积分数）。由于 MgZn 相的消失，以及晶粒尺寸进一步细化，合金的强度得到一定的提高。在 5♯和 7♯合金中，第二相均为 LPSO 相。长周期相与基体的位向关系为：

$$(0001)_\alpha /\!/ (0001)_{LPSO}$$
$$(0110)_\alpha /\!/ (1210)_{LPSO}$$

Datta A 等人[23]指出，14H LPSO 结构与 hcp 结构的能量非常接近，具有很好的稳定性。14H LPSO 相与基体稳定的共格界面能够提高合金的强度。有研究报道[24]，在长周期相的形成过程中往往伴随着大量层错的出现，层错也可以提高合金的强度。高密度的层错可以阻碍位错运动，从而进一步提高 5♯和 7♯合金的强度。在 5♯和 7♯合金中，合金的强度随着 LPSO 相体积分数的增大而增大。由此可见，合金的强度不仅受到晶粒细化的影响，也受第二相的形状、分布以及体积分数的影响。

在 ZK20 合金中添加稀土元素 Y 可以有效地细化晶粒，提高合金的延伸率。ZK20 合金中添加 0.9%（质量分数）稀土元素 Y，1♯合金的延伸率达到(24.3±0.4)%。当 Y 添加量继续增加，3♯合金［Y 含量为 1.9%（质量分数）］的延伸率较 1♯合金略有降低。一方面是由于 W 相体积分数的增大减弱了再结晶晶粒的细化作用；另一方面是由于 W 相和基体为非共格界面，界面的原子结合力较弱。虽然由于挤压破碎，弥散分布在基体上的细小 W 相颗粒可以起到一定的弥散强化作用，但其较弱的界面结合力还是会使合金的延伸率降低，这点也可以从 3♯合金的室温拉伸断口上验证。

LPSO 相在变形过程中会成为变形扭折带（kink deformation）。变形扭折带中可以吸收一定数量的应变而减弱应力集中，从而减少微裂纹的产生，这对合金的塑性有利。层错能的提高，有利于非基面滑移系启动，对提高合金塑性非常有利。随着 LPSO 相体积分数的增大，晶粒细化效果越来越明显，7♯合金的延伸率达到所有实验合金的最大值（30.1±0.7）%，远大于 ZK20 合金。

图 3-22 是挤压态 ZK20+xY 合金拉伸断口的 SEM 形貌照片。

从图 3-22 中可知，1♯合金组织最粗大，其断裂后的撕裂棱尺寸最大，随着合金中元素 Y 增多组织越来越细小。当 Y 含量增大时，断口上分布着大量的韧窝，这些韧窝不深但数量多且分布均匀，从而提高了合金的塑性。从图中还可以看出，7♯合金的韧窝小，分布均匀且较深，当合金断裂时必然需要消耗更多的能量。有报道在晶粒尺寸小于 10μm 时，晶界处存在的应力集中能够激活非基面滑移系，从而提高合金的塑性变形能力[25,26]。

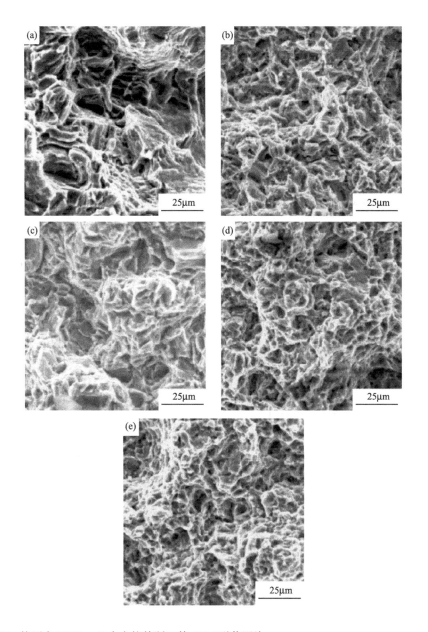

图 3-22 挤压态 ZK20+xY 合金拉伸断口的 SEM 形貌照片

(a) ZK20; (b) ZK20+0.9Y; (c) ZK20+1.9Y; (d) ZK20+3.7Y; (e) ZK20+5.8Y

（4）钇对 ZK20+ xY 挤压态合金吸收能的影响

挤压态 ZK20＋xY 合金的吸收能如图 3-23 和表 3-4 所示。根据材料力学知识，位于应力应变曲线下面的阴影部分面积表示材料在负载条件下的单位体积吸收能。经测量 ZK20 合金的吸收能为 $0.37MJ/m^3$。添加 Y 元素后，合金强度或塑性得到了不同程度提高，因此合金的吸收性能同样有大幅提高。3♯合金的延伸率提高幅度小于 1♯合金，而强度提高也不大，所以 3♯合金的吸收能小于 1♯合金。随着 Y 添加量的增大，5♯和 7♯合金的吸收能进一步增大，其中 7♯合金的吸收能达到了实验合金的最大值 $0.79MJ/m^3$。

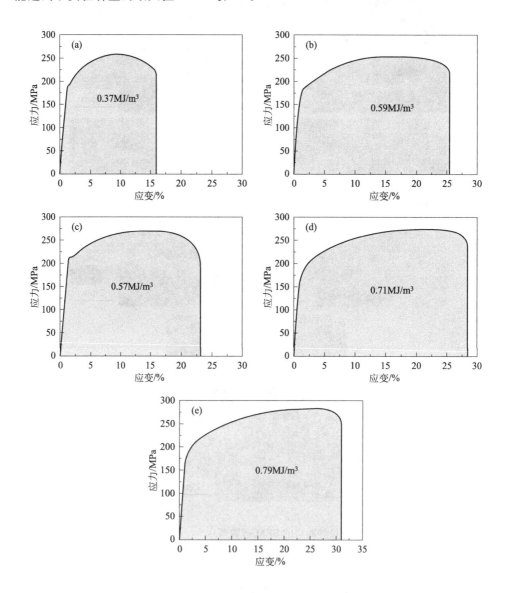

图 3-23 挤压态 ZK20+ xY 合金的吸收能

（a）ZK20；（b）ZK20＋0.9Y；（c）ZK20＋1.9Y；（d）ZK20＋3.7Y；（e）ZK20＋5.8Y

合金编号	密度/kg·m⁻³	吸收能/MJ·m⁻³	储存能/J·kg⁻¹
ZK20	1761	0.37	211
ZK20＋0.9Y	1772	0.59	333
ZK20＋1.9Y	1785	0.57	319
ZK20＋3.7Y	1806	0.71	393
ZK20＋5.8Y	1827	0.79	432
弹簧钢	7800	1.00	130

储存能（J/kg）为单位质量的吸收能，它与材料密度有关，材料的吸收能越大，密度越小，则存储能越大。在 ZK20 合金中添加稀土元素 Y 后，受合金密度增大的影响合金的吸收能增大的幅度增加。从表 3-4 可知，当 Y 的添加量达到 5.8％时，合金的存储能达到 432J/kg，远比弹簧钢（130J/kg）大。因此，ZK20＋xY 合金作为吸能材料时具有很大的优势。

从前面研究结果可知，ZK20＋0.9Y 合金含有少量 W 相，其抗拉强度比 ZK20 稍有降低，但其断后伸长率大幅增加，塑性得到较大程度改善。ZK20＋5.8Y 含有 LPSO 相，其强度和塑性均比较高，具有良好的应用前景。第二相种类、含量、分布等因素不仅影响合金的力学性能，还对动态再结晶组织有重要的影响。通过热变形可以细化晶粒，进一步提高变形镁合金的综合力学性能。

随着交通运输业对运输工具轻量化的需求，镁合金由于其低密度和高比刚度作为吸能材料应用到汽车行业。在交通事故发生碰撞时，汽车保险杠发生塑性变形而吸收碰撞能，对汽车起到了有效的保护作用。但是汽车保险杠塑性变形范围受到汽车车体大小的限制，变形量有限，提高单位质量材料的能量吸收能力是重要的。目前，汽车保险杠大部分采用钢铁和铝合金材料。在汽车工业中镁合金应用较多的是铸件，变形镁合金应用于汽车保险杠目前处于试用阶段。

3.3
14H LPSO 相对 ZK20＋5.8Y 镁合金热加工性能的影响

3.3.1　ZK20＋5.8Y 合金中 14H LPSO 相研究

前期研究表明均匀化退火态 ZK20＋xY 合金中存在 14H LPSO 结构，含长周期相合金综合力学性能优良，具有高的强度和良好的塑性。长周期结构（LPSO structures）有多种，如 10H、14H、18R 和 24R 等，在 Mg-RE-Zn 系（RE 包括 Y、Gd、Er 和 Dy）中，14H 和 18R 是较为常见的两种长周期结构，18R LPSO 结构经过热处理或热加工可以转变为 14H LPSO 结构[27]。Hagihara 等人[28-30] 研究了 $Mg_{12}YZn$ 合金中 18R 和 14H LPSO 结构的塑性变形行为，表明 14H LPSO 结构的变形机制与 18R LPSO 结构基本相同。长周期相具有优良的力学性能，研究长周期相结构对再结晶行为以及热加工性能的影响非常必要。

在本书中采用与以前同样工艺条件下制备的 ZK20＋5.8Y 铸锭，采用 500℃×20h 的高温长时间退火以获得含有 14H LPSO 结构的合金。通过热模拟实验研究 LPSO 相对合金的动态再结晶激活能、显微组织、动态再结晶的演变以及热加工性能的影响。研究显微组织演变、动态再结晶规律以及 DMM 塑性加工图，为制定最佳的热加工工艺参数提供依据。

实验材料为重庆大学镁合金国家工程技术中心中试车间半连续铸造系统浇注的 ZK20＋5.8Y 镁合金铸锭。铸锭经过均匀化退火处理后（退火温度为 500℃，退火时间为 20h），观察其 SEM 和 TEM 形貌。采用钨灯丝扫描电子显微镜（SEM，TESCAN VEGA Ⅱ LMU）观察分析高倍显微组织。透射电镜观察样品利用 Gatan 微凹仪冲孔，采用 Gatan Model 691 离子减薄仪进行减薄。采用 JEM 2010 高分辨透射电镜，工作电压 200kV。图 3-24 是 ZK20＋5.8Y 合金经过 500℃×20h 均匀化退火处理后的 SEM 和 TEM 形貌照片[18]。

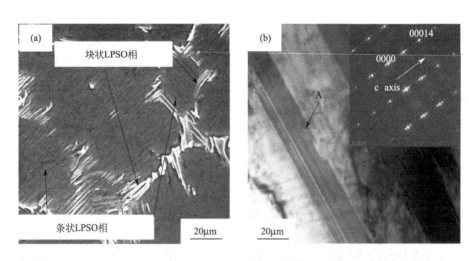

图 3-24 ZK20+5.8Y 合金均匀化退火处理后的 SEM 和 TEM 形貌
（a）SEM 照片；（b）TEM 照片和选区衍射斑点

从图 3-24 中可以看出，在 Mg 基体上存在大量的条状 LPSO 相析出并呈一定的取向分布。经过 500℃×20h 均匀化退火处理后，ZK20+5.8Y 合金中的块状 LPSO 相相较于经过 420℃×12h 均匀化退火处理后的 ZK20+5.8Y 合金中的块状 18R LPSO 相体积要小，这是由于经过高温长时间退火后，18R LPSO 结构发生了晶格转变，且有部分溶解在基体中与层错反应转变为 14H LPSO 结构。经过高温长时间均匀化退火后，铸态合金中的 18R LPSO 结构转变为 14H LPSO 结构。

Zhu 等人对 18R LPSO 结构向 14H LPSO 结构转变的机制进行了详细的研究[31]。对 LPSO 结构的 TEM 照片和对应的选区电子衍射花样进行分析发现，基体中的条状和块状第二相均为 14H LPSO 相（$a=0.325nm$，$b=3.694nm$）。

3.3.2　含 14H LPSO 相合金的塑性加工研究

（1）含 14H LPSO 相合金的真应力-真应变曲线

铸锭经过均匀化退火处理后加工成直径为 $\phi10mm$ 长度为 12mm 的热压缩试样。退火工艺分别为：500℃×20h 和 420℃×12h。根据已有的研究结果，500℃×20h 的试样中含有 14H LPSO 相，420℃×12h 的试样中含有 18R LPSO 相。

在 Gleeble 1500D 热模拟试验机上进行热模拟试验。变形温度分别为 300℃、350℃、400℃、450℃和 500℃，应变速率分别为 $0.001s^{-1}$、$0.01s^{-1}$、$0.1s^{-1}$ 和 $1s^{-1}$，变形量均为 60%。试样升温速率为 10℃/s，达到预设温度保温 3min 后开始压缩试验。当变形量达到 60%后停止压缩，迅速对压缩试样进行淬火以保留高温时的显微组织状态。

图 3-25 是经过不同均匀化退火处理后的 ZK20+5.8Y 合金在不同变形条件下的真应力-真应变曲线。

从图 3-25 中可知，在不同的变形应变速率下，含有 14H LPSO 结构相和 18R LPSO 相的合金其真应力-真应变曲线变化趋势大体相同。在热压缩变形初始阶段，随着材料内部的位错密度不断增大，出现大量的位错塞积、缠结和亚结构，使加工硬化现象严重。当达到一定变形量时，由于加工硬化现象，材料内部能量不断升高，基体处于不稳定状态，为位错的滑移和攀移提供了驱动力，材料内部开始发生动态回复和动态再结晶。动态回复和动态再结晶的发生使基体产生软化，抵消了热变形过程中产生的加工硬化，流变应力增大的速率开始逐渐变小。在热加工过程中，动态软化与加工硬化是一个动态竞争的过程。当动态再结晶作用大于加工硬化时，流变应力不断减小。随着变形温度的升高，材料更容易发生动态再结晶。因此，当变形量较大时会达到一个流变稳定阶段，真应力-真应变曲线上出现一个平台。

在相同的变形条件下，含 14H LPSO 结构的 ZK20+5.8Y 合金的流变应力在一定程度上大于含 18R LPSO 结构的合金。在低变形温度和较高应变速率下，如在 300℃和 0.01~1s^{-1} 以及 350℃和 1s^{-1} 变形条件下进行热压缩时，含 14H LPSO 结构合金的热压缩试样在应变量达到最大真应变 0.9 之前就发生了破碎开裂。而含

18R LPSO 结构合金，只有在 300℃ 和 $1s^{-1}$ 变形条件下才发生破碎开裂。这表明 18R LPSO 结构向 14H LPSO 结构转变后，一定程度上恶化了 ZK20+5.8Y 合金的热加工性能。

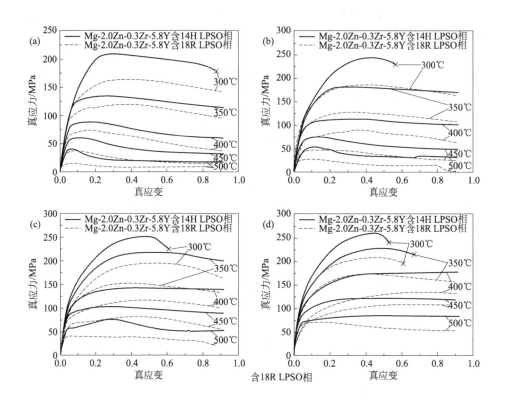

图 3-25　不同均匀化工艺退火处理后 (实线，500℃×20h; 虚线，420℃×12h) ZK20+ 5.8Y 合金在不同变形条件下的真应力-真应变曲线
(a) $0.001s^{-1}$; (b) $0.01s^{-1}$; (c) $0.1s^{-1}$; (d) $1s^{-1}$

（2）本构方程计算

镁合金在塑性变形过程中比较容易发生动态再结晶，动态再结晶变形激活能 (Q) 是判断动态再结晶发生临界条件的一个重要参数。由真应力-真应变曲线可以看出，在热变形过程中，变形温度 (T)、应变速率 ($\dot{\varepsilon}$) 和流变应力 (σ) 之间存在一定的关系。这种关系可以根据不同的应力水平以不同的方式描述。常用 Arrhenius 方程描述在不同变形条件下变形温度、应变速率和激活能对热变形行为的影响。在高应力水平条件下，流变应力与变形温度和应变速率的关系可以用如下指数函数表示：

$$\dot{\varepsilon} = A_1 \sigma^{n_1} \exp\left(-\frac{Q}{RT}\right) \tag{3-5}$$

在低应力水平条件下，可以表达为：

$$\dot{\varepsilon} = A_2 \exp(\beta\sigma) \exp\left(-\frac{Q}{RT}\right) \tag{3-6}$$

所有应力水平条件下，可以用 Sellars 等人[32,33] 提出的经过双曲正弦函数修正的 Arrhenius 公式来描述热激活行为：

$$\dot{\varepsilon} = A \left[\sinh(a\sigma)\right]^n \exp\left(-\frac{Q}{RT}\right) \tag{3-7}$$

式中，Q 是动态再结晶激活能，kJ/mol；T 是热力学温度，K；R 为摩尔气体常数，8.314J/mol·K；σ 是一定应变下的流变应力，MPa；A_1、A_2、A、n_1、n、α 和 β 是材料常数。

对式(3-5)～式(3-7) 两边同时取对数，得到如下表达式：

$$\ln\dot{\varepsilon} = \ln A_1 + n_1 \ln|\sigma| - \frac{Q}{RT} \tag{3-8}$$

$$\ln\dot{\varepsilon} = \ln A_2 + \beta|\sigma| - \frac{Q}{RT} \tag{3-9}$$

$$\ln\dot{\varepsilon} = \ln A + n \left[\ln\sinh(\alpha\sigma)\right] - \frac{Q}{RT} \tag{3-10}$$

根据式(3-8) 和式(3-9) 可知，$\ln\dot{\varepsilon}$-σ 和 $\ln\dot{\varepsilon}$-$\ln\sigma$。对含有 14H LPSO 结构的 ZK20＋5.8Y 合金热压缩时，其 $n = \mathrm{d}\ln\dot{\varepsilon}/\mathrm{d}\ln|\sigma|$，$\beta = \mathrm{d}\ln\dot{\varepsilon}/\mathrm{d}\ln|\sigma|$，$\alpha = \beta/n$ 的关系如图 3-26 所示。图中线性拟合后直线的斜率分别是材料常数 n 和 β。图 3-26(a) 中所有直线斜率的平均值为材料常数 n，计算得 $n = 13.52084$；图 3-26(b) 中所有直线斜率的平均值为材料常数 β，计算得 $\beta = 0.10377$。因为 $\alpha = \beta/n$，把 n 值和 β 值分别代入式中，得到 $\alpha = \beta/n = 0.007675\mathrm{MPa}^{-1}$。

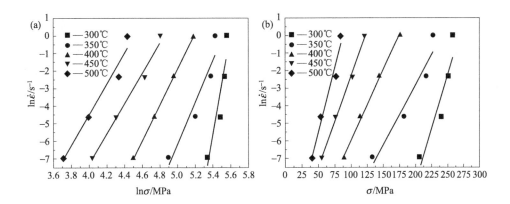

图 3-26　$\ln\dot{\varepsilon}$ 与 $\ln\sigma$ （a)和 σ （b)之间的关系

图 3-27 是含有 14H LPSO 相的 ZK20+5.8Y 合金在不同变形条件下的 $\ln\dot{\varepsilon}$-$\ln[\sinh(a\sigma)]$ 和 $\ln[\sinh(a\sigma)]$-$1/T$ 关系图。图 3-27(a) 线性拟合后所有直线斜率的平均值为 n'，图 3-27(b) 中线性拟合后所有直线斜率的平均值为 D。$Q=RnD$，把 n 值和 D 值代入式中，得到含有 14H LPSO 相的 ZK20+5.8Y 合金的动态再结晶激活能为 $Q=348.4\text{kJ/mol}$。

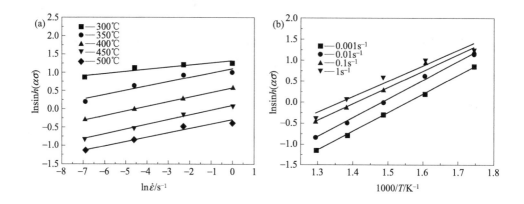

图 3-27 $\ln\sinh(a\sigma)$ 与 $\ln\dot{\varepsilon}$（a）及 1000/T（b）之间的关系

在所有应力水平下，当 $\dot{\varepsilon}$ 为常数时，式(3-10) 可以表达为：

$$Q=R\left.\frac{\partial\ln\dot{\varepsilon}}{\partial\ln\left[\sinh(\alpha\sigma)\right]}\right|_{T}\left.\frac{\partial\ln\left[\sinh(\alpha\sigma)\right]}{\partial(1/T)}\right|_{\dot{\varepsilon}} \tag{3-11}$$

（3）合金动态再结晶动力学模型

由于镁合金层错能低，全位错比较容易分解成层错宽度较大的扩展位错。回复主要是位错经过攀移、滑移或交滑移后使异号位错相互抵消，从而使位错密度降低的过程。因为扩展位错含有堆垛层错而难以进行攀移、滑移或交滑移，扩展位错必须先经过束集（束集即全位错分解的反过程）才可能回复。镁合金层错能低，扩展位错宽，束集较为困难，在热变形过程中难以发生回复，只能发生动态再结晶。因此，镁合金便于利用动态再结晶来细化晶粒，进而改善合金性能、提高产品的质量[34,35]。

研究镁合金不同热变形条件对动态再结晶的影响，具有重要的意义。建立动态再结晶动力学模型，利用它来预测热变形过程中的显微组织演变规律，预测再结晶晶粒的体积分数。本章节采用基于 Avrami 修正的双参数模型，并对模型在不同情况下的精确性进行验证。采用的动态再结晶模型为：

$$X_{\text{DRX}}=1-\exp\left[k\left(\frac{\varepsilon-\varepsilon_{\text{c}}}{\varepsilon^{*}}\right)^{n}\right] \tag{3-12}$$

式中，X_{DRX} 是动态再结晶体积分数；ε_c 是发生动态再结晶的临界应变；ε^* 是最大软化速率（对应于 σ^*）对应的应变；k 和 n 与材料本身有关，在不同变形条件下为常数。发生动态再结晶的临界条件为：$\dfrac{\partial}{\partial \sigma}\left(-\dfrac{\partial \theta}{\partial \sigma}\right)=0$，$\theta=\left(-\dfrac{d\sigma}{d\varepsilon}\right)_{\varepsilon,T}$。图 3-28（a）是热压缩试样在 350℃ 和 $0.1s^{-1}$ 变形条件下 θ 与 σ 的关系图。如图 3-28 所示，θ-σ 曲线的拐点对应 σ_c，即动态再结晶开始发生的应力值。图 3.28（a）中 θ-σ 曲线的拐点可以通过图（b）中 $-\left(\dfrac{\partial \theta}{\partial \sigma}\right)$-$\sigma$ 曲线的最小值求得。$\theta=\dfrac{d\sigma}{d\varepsilon}$（应变硬化速率）达到最小值（$\partial^2\theta/\partial^2\sigma=0$）的应变值为 ε^* 值，对应 $\dfrac{d\sigma}{d\varepsilon}$-$\sigma$ 曲线的谷底。

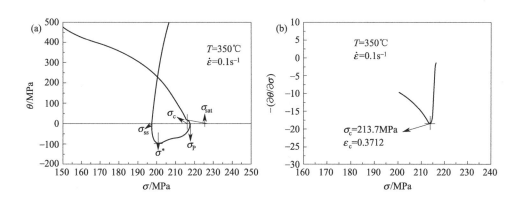

图 3-28　350℃和 $0.1s^{-1}$ 变形条件下 θ-σ 关系图（a）及 $\dfrac{\partial \theta}{\partial \sigma}$-$\sigma$ 关系图（b）

在真应力-真应变曲线上，动态再结晶表现为软化效应的出现，即在达到峰值应力后，随应变的增加应力值逐渐下降。可以用软化程度的大小表示动态再结晶率的大小。一般用再结晶体积分数来描述动态再结晶率，公式如下[36]：

$$X_{DRX}=\frac{\sigma_{sat}^2-\sigma^2}{\sigma_{sat}^2-\sigma_{ss}^2} \tag{3-13}$$

如图 3-28（a）所示，峰值应力 σ_P 为当 $\theta=0$ 时的应力值；σ_{ss} 定义为动态再结晶发生后稳态阶段的应力值；应力值 σ_{sat} 定义为 θ-σ 曲线上以 σ_c 点作切线，切线与 $\theta=0$ 交点的应力值。因此，式（3-13）也可以表达为：

$$X_{DRX}=\frac{\sigma_{sat}^2-\sigma^2}{\sigma_{sat}^2-\sigma_{ss}^2}=1-\exp\left[k\left(\frac{\varepsilon-\varepsilon_c}{\varepsilon^*}\right)^n\right] \tag{3-14}$$

通过式（3-13）在不同变形条件下的应力值和应变值，求得：$k=-2.1542$，$n=1.5119$。把 k 和 n 代入式（3-13），得到含有 14H LPSO 相 ZK20+5.8Y 合金的

动态再结晶动力学模型表达式：

$$X_{DRX} = 1 - \exp\left[-2.1542\left(\frac{\varepsilon - \varepsilon_c}{\varepsilon^*}\right)^{1.5119}\right]$$ (3-15)

根据式（3-15）计算在不同变形温度和应变速率条件下含有 14H LPSO 相 ZK20+5.8Y 合金的动态再结晶体积分数曲线，如图 3-29 所示。

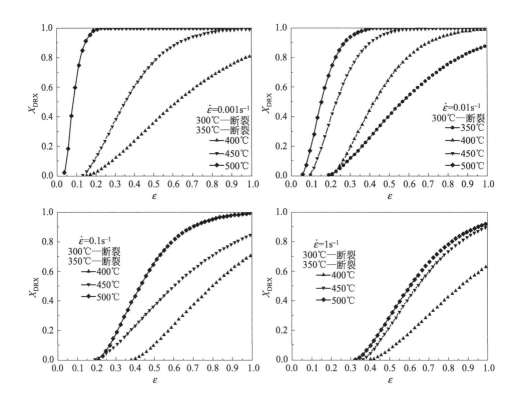

图 3-29 含 14H LPSO 相 ZK20+5.8Y 合金在不同变形温度和应变速率下动态再结晶体积分数曲线

从图 3-29 中可知，当应变速率一定时，变形温度越高，同一应变量下的动态再结晶体积分数越大；当变形温度一定时，应变速率越大，同一应变量下的动态再结晶体积分数越小。即在应变速率一定时，若要达到同样的动态再结晶体积分数，需要的应变量随着温度的降低而增大；当变形温度一定时，若要达到同样的动态再结晶体积分数，需要的应变量随着应变速率的增大而增大。这说明，对于含有 14H LPSO 相的 ZK20+5.8Y 合金，降低变形温度或者增大应变速率都需要增大应变量才能保证动态再结晶。

在相同的变形条件下，与含 18R LPSO 相的 ZK20+5.8Y 合金相比，含 14H LPSO 相的 ZK20+5.8Y 合金在相同应变量下的动态再结晶体积分数要比前者小。

（4）合金动态再结晶演变规律

经过不同的热处理，分别得到含有不同长程有序结构的合金，14H LPSO 相（500℃×20h）和 18R LPSO 相（420℃×12h），然后分别在 500℃ 和 0.001s^{-1} 变形条件下进行热压缩，用热压缩试样进行 TEM 分析，不同试样的 TEM 明场相和选区衍射斑点如图 3-30 所示。

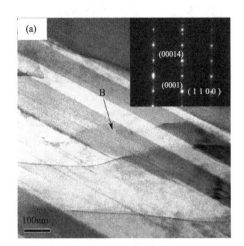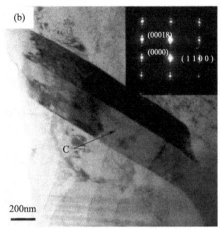

图 3-30　含不同 LPSO 相合金经（500℃，0.001s^{-1}）变形后 TEM 明场相和选区衍射斑点
(a) 含 14H LPSO 相；(b) 含 18R LPSO 相（入射电子束∥〈11$\bar{2}$0〉）

结果显示，图 3-31 中 B 处含有 14H LPSO 相，C 处含有 18R LPSO 相，验证了热处理对不同长程有序结构的影响，也发现热压缩变形之前和变形之后 LPSO 相类型并没有发生变化。

图 3-31 是含 14H LPSO 相的 ZK20＋5.8Y 合金在同一应变速率、不同变形温度下的显微组织。

可以看出，在相同应变速率为 0.001s^{-1} 时，随着变形温度降低，动态再结晶体积分数不断减小，与前述动态再结晶动力学模型完全一致。含 14H LPSO 相的 ZK20＋5.8Y 合金，当应变速率为 0.001s^{-1} 且变形温度达到 500℃ 时，热压缩试样才发生完全动态再结晶。当变形温度低于 500℃ 时，试样中都有未再结晶的原始晶粒，且未再结晶晶粒随着变形温度的降低而不断增多。与此对照的是：含 18R LPSO 相的合金在 450℃ 和 0.001s^{-1} 热压缩变形时发生了完全动态再结晶。在同样的 500℃ 和 0.001s^{-1} 热压缩变形后，含 14H LPSO 的合金平均晶粒尺寸分别为 14.0μm；含 18R LPSO 相的合金变形后的平均晶粒尺寸为 30.7μm。实验结果对比可知，14H LPSO 相延迟动态再结晶和阻碍晶粒长大的作用明显大于 18R LPSO 相，其动态再结晶晶粒尺寸更小。

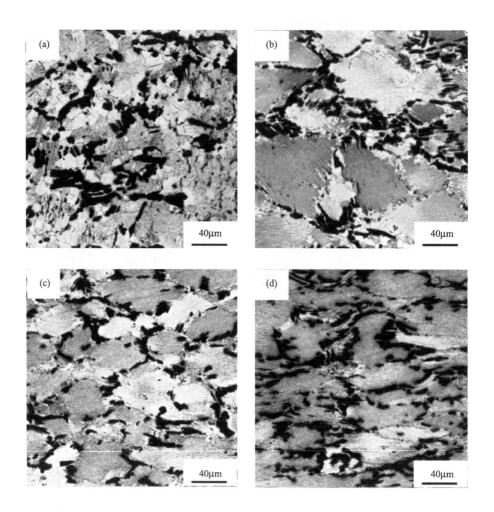

图 3-31 含 14H LPSO 相的 ZK20+5.8Y 合金不同温度变形后的显微组织

(a) 500℃, 0.001s^{-1}; (b) 450℃, 0.001s^{-1}; (c) 400℃, 0.001s^{-1}; (d) 350℃, 0.001s^{-1}

含 14H LPSO 结构的 ZK20+5.8Y 合金 500℃下不同应变速率变形后的显微组织，如图 3-32 所示。

从图 3-32 中可知，当应变速率为 1s^{-1} 时，含 14H LPSO 相的合金热压缩组织中很多晶粒未发生再结晶，只在原始晶界和少量破碎的第二相周围存在动态再结晶生成的细小晶粒。当应变速率增大到 0.01s^{-1} 时，在第二相压缩破碎更加充分且分布更加弥散后，再结晶程度才逐渐增大。当应变速率达到 0.01～0.001s^{-1} 之间时，合金中发生了完全动态再结晶。与此对比，含 18R LPSO 相的合金在 500℃和 1s^{-1} 变形时就发生了完全动态再结晶。因此可知，在较高应变速率条件下热变形时，14H LPSO 相阻碍动态再结晶的作用大于 18R LPSO 相。

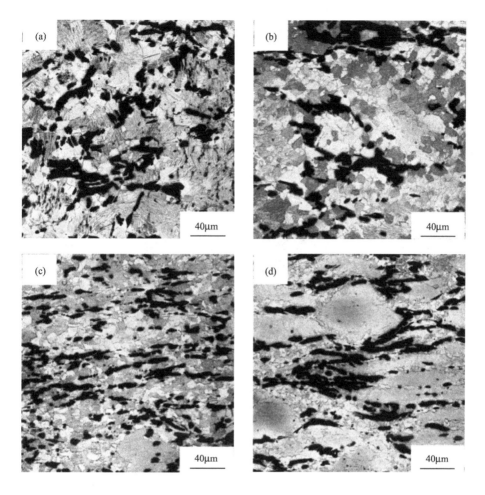

图 3-32 含 14H LPSO 相 ZK20+ 5.8Y 合金 500℃下不同应变速率变形后的显微组织

(a) 500℃，0.001s^{-1}；(b) 500℃，0.01s^{-1}；(c) 500℃，0.1s^{-1}；(d) 500℃，1s^{-1}

图 3-33 为含 14H LPSO 相 ZK20＋5.8Y 合金在 500℃热压缩变形后的 EBSD 取向分布图。

由图 3-33(b) 可知，当变形温度为 500℃应变速率为 1s^{-1} 时，在未发生动态再结晶的原始晶界周围存在很多细小的再结晶晶粒，呈典型的"项链"状分布。说明此时动态再结晶主要发生在试样原始晶界附近。在变形过程中，位错运动受到原始晶界或 LPSO 相与基体相界的阻碍。随着变形量的增大，在原始晶界或相界附近产生位错塞积、钉扎和重排，位错密度逐渐增大从而形成高位错密度区，进一步形成亚晶界和亚晶。大量的亚结构在原始晶界或原始晶粒内部形成，亚结构不断地吸收位错并不断改变取向演变为大角度晶界，以连续动态再结晶

（CDRX）的方式形成再结晶新晶粒。从图 3-33 中还可以看出，在高温（500℃）变形时，位错的滑移变得更加容易，位错滑移的局部化使原始晶界局部迁移，形成弓出。在高温热压缩变形过程中，为了协调塑性变形晶界位错源向晶粒内部发射位错，这些位错与基面位错相互作用，在原始大角度晶界两侧会形成大小不同的亚晶粒。大尺寸亚晶的界面由于具有较高的界面迁移率而向小尺寸亚晶一侧发生迁移，迁移速率由分布于界面两侧的应变能梯度与界面曲率半径之间的平衡状态决定[37]。亚晶界局部范围内的迁移导致原始大角度晶界部分弯曲、弓出，亚晶界持续吸收位错并发生亚晶转动，亚晶界随应变的进行不断吸收晶格位错，从而提高取向差发展成大角度晶界，最终形成动态再结晶核心。晶界弓出形核机制为不连续动态再结晶（DDRX）机制。

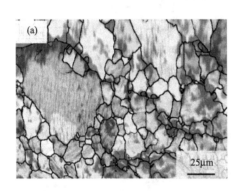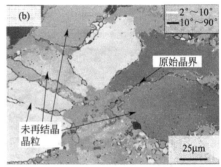

图 3-33　热压缩试样 500℃下不同变形速率变形后的含 14 LPSO 相 ZK20+5.8Y 的 EBSD 取向分布图
(a) 500℃，$0.001s^{-1}$；(b) 500℃，$1s^{-1}$

经过 500℃×20h 均匀化退火处理后，在 ZK20+5.8Y 合金的基体上形成大量层片状 14H LPSO 相，而层错（SFs）的数量却明显减少，这种现象在文献中也有类似报道。根据第一性原理计算结果[38]，当 18R LPSO 相转变为 14H LPSO 相时，合金的层错能（SFE）会从 $94.02mJ \cdot m^{-2}$ 降低至 $33.06 \sim 69.08mJ \cdot m^{-2}$。

Suzuki 等人[39,40] 研究报道，Y 和 Zn 元素的添加使 Mg 基体中的层错能降低，从而在（0001）基面上形成大量面缺陷，Y 和 Zn 原子在面缺陷上的偏聚使合金的层错能降低。

Liu 等也有类似的研究报道，在 500℃固溶 8h 后，消耗了层错，14H LPSO 层状结构在 Mg 基体上形成。经过 420℃×12h 均匀化热处理后的合金，基面上大量的层错可以阻碍动态再结晶；经过 500℃×20h 均匀化退火热处理之后基体中的层错大量减少，层错阻碍动态再结晶的能力减弱；随着 18R 向 14H 结构转变，层错能下降，层错能低的金属全位错容易分解成层错较宽的扩展位错，宽的扩展位错不易束集，难以发生交滑移和攀移，所以合金倾向于动态再结晶。然而，层错的消耗伴随着大量层片状的 14H LPSO 相在基体中析出，基体中分布着大量的具有一定取向的层片状 14H LPSO 相。SF 仅为几个原子层厚，而层片状的 14H LPSO 厚度约几十到几百纳米，层片状的 14H LPSO 对位错的阻碍作用大于层错。

在较低的变形温度条件下，LPSO 相呈不连续网状分布。由于 LPSO 相韧性好，在较低温度下变形很难破碎。基体中连续分布的大量 LPSO 相在变形过程中，会形成如图 3-34 所示的变形扭折带。扭折带形成原因是基面上突然产生成对位错导致晶格往返旋转。在热变形过程中，变形扭折带可以容纳一部分应力集中和应变。变形扭折带的形成也会消耗一定的能量，在同一变形工艺条件下，含有层片状的 14H LPSO 相的合金的存储能会低于 18R LPSO 相的合金，存储能的降低也会提高再结晶所需的温度。层片状 LPSO 相阻碍了位错运动和晶界迁移，不会使位错发生明显的聚集，不利于再结晶形核和长大，使再结晶温度升高。因此，高密度位错区主要集中在原始晶界和 LPSO 相与基体的界面上，这也是未再结晶区域主要分布在晶内的主要原因。

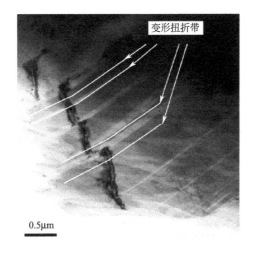

图 3-34　热压缩试样内部形成的变形扭折带 TEM 照片（350℃，　0.001s^{-1}）

由于合金中的层错和层片状 14H LPSO 相以及 LPSO 相扭折带阻碍了孪生，从而阻碍了孪晶的形核长大，因此在含 14H LPSO 相的合金中没有发生孪晶-再结晶机制。

综上所述，含 14H LPSO 结构的 ZK20＋5.8Y 合金的动态再结晶机理主要是：以原始晶界附近和 LPSO 相与 Mg 基体界面附近亚晶形核长大的连续动态再结晶（CDRX）机制为主，伴有少量晶界弓出形核的不连续动态再结晶（DDRX）机制发生，与含 18R LPSO 结构的 ZK20＋5.8Y 合金的动态再结晶机理基本相同。根据动态再结晶动力学模型和显微组织观察，与 18R LPSO 结构相比较，14H

LPSO 结构延迟动态再结晶和阻碍动态再结晶晶粒的长大的作用要明显大于前者。

（5）含 14H LPSO 相合金的热加工性能

Parasad 和 Gegel 等[41,42] 基于大塑性变形的连续介质力学、物理系统模拟和不可逆热力学等基本原理建立起 DMM 模型。DMM 模型不仅可以确定加工区域的不同变形机制，预测失稳变形区域，还可以优化热加工工艺参数使加工材料获得优良的组织性能。

采用 DMM 准则作为塑性失稳的判断准则。Parasad 等提出材料的流变失稳准则，可以用失稳参数 ξ 表达为：

$$\xi(\dot{\varepsilon}) = \frac{\partial \ln[m/(m+1)]}{\partial \ln \dot{\varepsilon}} + m \leqslant 0 \tag{3-16}$$

式中，m 为应变速率敏感系数，无量纲；$\dot{\varepsilon}$ 为应变速率，s^{-1}。

在不同变形条件下，失稳参数 ξ 的变化构成了材料的失稳图，根据 Parasad 失稳判据 $\xi < 0$ 可以描绘出变形失稳区。将功率耗散图和失稳图叠加在一起，就构成了不同真应变对应的 DMM 塑性加工图，真应变为 0.6 的 DMM 塑性加工图如图 3-35 所示。

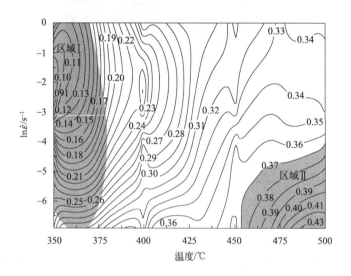

图 3-35 真应变为 0.6 的 DMM 塑性加工图

图 3-35 中有两个深色区域。图中深色区域 I 为流动失稳区，等值线上的数字表示功率耗散系数。从图 3-35 可以看出，失稳区主要发生在低温变形阶段（300～375℃，0.001～1s⁻¹），能量耗散因子峰值约为 26%；根据显微组织观察和动态再结晶计算结果，结合 DMM 塑性加工图，得出图中浅色区域 II 为最佳热

加工区域（454~500℃，0.001~0.01s^{-1}），能量耗散因子峰值约为43%。

当含14H LPSO相的ZK20+5.8Y合金在较低变形温度（300~350℃）下进行热压缩时，试样会出现不同程度的裂纹甚至破碎，如图3-36和图3-37所示。

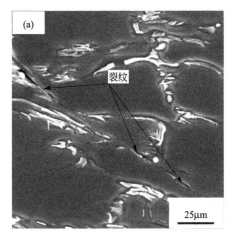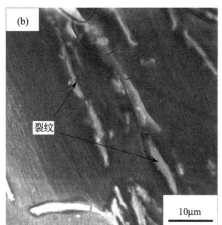

图3-36 不同变形条件下热压缩试样裂纹SEM形貌照片
(a) 300℃，0.001s^{-1}；(b) 350℃，1s^{-1}

在前面研究中，含18R LPSO结构的ZK20+5.8Y合金只在300℃和1s^{-1}变形条件下热压缩才出现破碎现象。因此，长时间高温热处理后18R LPSO结构转变为14H LPSO结构，使ZK20+5.8Y合金的热加工失稳区变大，使合金在低温阶段的热加工性能变差。

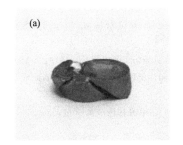

图3-37 热压缩破碎试样宏观形貌
(a) 300℃，1s^{-1}；(b) 300℃，0.1s^{-1}；(c) 300℃，0.01s^{-1}

14H LPSO相使合金动态再结晶温度提高，在热变形过程中阻碍动态再结晶发生并阻碍晶粒长大。由于基体上分布有大量的层片状14H LPSO相，在较低变形温度变形时会形成扭折带，这些扭折带可以容纳一部分应力集中和应变；在热变形过程中，位错大都在原始晶界和 LPSO 相与基体的界面处塞积、钉扎。因此，在原始晶界和 LPSO 相周围会产生高密度位错区。变形继续进行，位错密度不断增大，但由于变形温度较低而不能达到发生动态再结晶的临界值，因此在基体与块状 LPSO 相附近会萌生微裂纹，随着变形不断扩展，如图 3-37 所示。这是裂纹产生的原因。

参考文献

[1]　赵亚忠 . 高塑性稀土变形镁合金的研究 [D]. 重庆：重庆大学，2010.

[2]　张青来，卢晨，朱燕萍，等 . 轧制方式对 AZ31 镁合金薄板组织和性能的影响 [J]. 中国有色金属学报，2004（03）：391-397.

[3]　夏伟军，蒋俊锋，朱素琴，等 . 多道次等径角轧制对 AZ31 镁板组织性能的影响 [J]. 湖南大学学报（自然科学版），2010，37（02）：45-49.

[4]　詹美燕，李春明，张卫文 . 轧制温度和累积应变对累积叠轧焊 AZ31 镁合金板材组织和性能的影响 [J]. 材料研究学报，2011，25（06）：637-644.

[5]　任政，张兴国，庞磊，等 . 多向锻造对变形镁合金 AZ31 组织和力学性能的影响 [J]. 塑性工程学报，2009，16（06）：23-27＋38.

[6]　Nishida M，Yamamuro T，Nagano M，et al. Electronmicroscopy study of microstructure modifications in RS P/MMg$_{97}$Zn$_1$Y$_2$ Alloy [J]. Materials Science Forum，2003，419：715-720.

[7]　Mabuchi M，Iwasaki H，Yanase K，et al. Low temperaturesuperplasticity in an AZ91 magnesium alloy processed byECAE [J]. Scripta Materialia，1997，36（6）：681-686.

[8]　Lin H K，Huang J C，Langdon T G. Relationship betweentexture and low temperature superplasticity in an extruded AZ31Mg alloy processed by ECAP [J]. Materials Science and Engineering：A，2005，402（1）：250-257.

[9]　黎文献 . 镁及镁合金 [M]. 长沙：中南大学出版社，2005.

[10]　陈振华，等 . 变形镁合金 [M]. 北京：化学工业出版社，2005.

[11]　Liu G Q，Chen L P，Ai Y L. Effects of RE element Y on the microstructure of ZM5 Mg alloy [J]. Special Casting ﹠ Nonferrous Alloys，2005，25（7）：496.

[12]　上海交通大学《金属断口分析》编写组 . 金属断口分析 [M]. 北京：国防工业出版社，1979：4-150.

[13]　王强，高家诚，王勇，等 . 均匀化退火对 WE43 镁合金铸坯组织和性能的影响 [J]. 材料热处理学报，2008，29（4）：65-68.

[14]　汪凌云，黄光胜，范永革，等 . 变形 AZ31 镁合金的晶粒细化 [J]. 中国有色金属学报，2003，13（3）：594-598.

[15]　郭强，张辉，陈振华，等 . AZ31 镁合金的高温热压缩流变应力行为的研究 [J]. 湘潭大学自然科学学报，2004，26（3）：108-111.

[16]　李权，彭建，程仁菊，等 . 稀土 Ce 对 ZK20 镁合金组织与性能的影响 [J]. 功能材料，2013，44（S2）：253-258.

[17]　刘刚强，陈乐平，艾云龙 . 稀土 Nd 对 ZM5 合金组织与性能影响的研究 [J]. 特种铸造及有色合金，2005，25（7）：496-498.

[18]　吕滨江 . 第二相对 Mg-Zn-Zr-Y 镁合金动态再结晶演变及热加工性的影响 [D]. 重庆：重庆大

学，2014.

[19] Lu F，Ma A，Jiang J，et al. Review on Long-Period Stacking-Ordered Structures in Mg-Zn-Re Alloys [J]. Rare Metals，2012，31 (3)：303-310.

[20] Zhang Y，Zeng X，Liu L，et al. Effects of Yttrium on Microstructure and Mechanical Properties of Hot-Extruded Mg-Zn-Y-Zr Alloys [J]. Materials Science and Engineering：A，2004，373 (1-2)：320-327.

[21] Luo Z P，Zhang S Q. High-Resolution Electron Microscopy on the X-Mg12zny Phase in a High Strength Mg-Zn-Zr-Y Magnesium Alloy [J]. Journal of Materials Science Letters，2000，19 (9)：813-815.

[22] Xu D K，Tang W N，Liu L，et al. Effect of W-Phase on the Mechanical Properties of as-Cast Mg-Zn-Y-Zr Alloys [J]. Journal of Alloys and Compounds，2008，461 (1-2)：248-252.

[23] Datta A，Waghmare U V，Ramamurty U. Structure and Stacking Faults in Layered Mg-Zn-Y Alloys：A First-Principles Study [J]. Acta Materialia，2008，56 (11)：2531-2539.

[24] Itoi T，Seimiya T，Kawamura Y，et al. Long Period Stacking Structures Observed in Mg97Zn1Y2 Alloy [J]. Scripta Materialia，2004，51 (2)：107-111.

[25] Koike J，Kobayashi T，Mukai T，et al. The Activity of Non-Basal Slip Systems and Dynamic Recovery at Room Temperature in Fine-Grained AZ31B Magnesium Alloys [J]. Acta Materialia，2003，51 (7)：2055-2065.

[26] Matsuda M，Ii S，Kawamura Y，et al. Variation of Long-Period Stacking Order Structures in Rapidly Solidified Mg97Zn1Y2 Alloy [J]. Materials Science and Engineering：A，2005，393 (1-2)：269-274.

[27] Zhu Y M，Weyland M，Morton A J，et al. The Building Block of Long-Period Structures in Mg-Re-Zn Alloys [J]. Scripta Materialia，2009，60 (11)：980-983.

[28] Hagihara K，Yokotani N，Umakoshi Y. Plastic Deformation Behavior of Mg12YZn with 18r Long-Period Stacking Ordered Structure [J]. Intermetallics，2010，18 (2)：267-276.

[29] Hagihara K，Fukusumi Y，Yamasaki M，et al. Non-Basal Slip Systems Operative in Mg12Zny Long-Period Stacking Ordered (LPSO) Phase with 18R and 14H Structures [J]. Materials Transactions，2013，54 (5)：693-697.

[30]   Hagihara K，Sugino Y，Y. Fukusumi，Y. Umakoshi，T. Nakano. Plastic Deformation Behavior of Mg12Zn Y LPSO-Phase with 14H-Typed Structure [J]. Materials Transactions，2011，52 (6)：1096-1103.

[31] Y. M. Zhu，A. J. Morton，J. F. Nie. Growth and Transformation Mechanisms of 18R and 14H in Mg-Y-Zn Alloys [J]. Acta Materialia，2012，60 (19)：6562-6572.

[32] Sellars C M. Computer modelling of hot working processes [J]. Materials Science and Technology. 1985，1 (4)：325-332.

[33] Sellars C M. The Kinetics of softening proccesses during hot working of Austenite [J]. Czechoslovak Journal of Physics B. 1995，35 (3)：239-248.

[34] Ravi Kumar N V，Blandin J J，Desrayaud C，et al. Grain Refinement in AZ91 Magnesium Alloy During Thermomechanical Processing [J]. Materials Science and Engineering：A，2003，359 (1-2)：150-157.

[35] Tan J C，Tan M J. Dynamic Continuous Recrystallization Characteristics in Two Stage Deformation of Mg-3Al-1Zn Alloy Sheet [J]. Materials Science and Engineering：A，2003，339 (1-2)：124-132.

[36] Li H Z，Wang H J，Li Z，et al. Flow Behavior and Processing Map of as-Cast Mg-10Gd-4. 8Y-2Zn-0. 6Zr Alloy [J]. Materials Science and Engineering：A，2010，528 (1)：154-160.

[37] 梁文杰，潘清林，何运斌. 含钪 Al-Cu-Li-Zr 合金的热变形行为及组织演化 [J]. 中国有色金属学报，

2011，21（5）：988-994.

[38] Fan T W，Tang B Y，Peng L M，et al. First-Principles Study of Long-Period Stacking Ordered-Like Multi-Stacking Fault Structures in Pure Magnesium [J]. Scripta Materialia，2011，64（10）：942-945.

[39] Suzuki M，Kimura T，Koike J，et al. Strengthening Effect of Zn in Heat Resistant Mg-Y-Zn Solid Solution Alloys [J]. Scripta Materialia，2003，48（8）：997-1002.

[40] Suzuki M，Kimura T，Koike J，et al. Effects of Zinc on Creep Strength and Deformation Substructures in Mg-Y Alloy [J]. Materials Science and Engineering：A，2004，387-389（0）：706-709.

[41] Prasad Y V R K，Gegel H L，Doraivelu S M，et al. Modeling of Dynamic Material Behavior in Hot Deformation：Forging of Ti-6242 [J]. Metallurgical Transactions A，1984，15（10）：1883-1892.

[42] Gegel H L. ASM Series in Metal Processing [M]. American Society for metals，1983.

第**4**章

含稀土高强和耐热镁合金及其应用

镁合金作为轻质材料应用于航空、航天、汽车上时，需要具有较高的强度和高温性能。大多数镁合金室温强度偏低，难于应用在受力较大的工况，提高镁合金室温强度一直是镁合金研究热点。在温度超过120℃时多数镁合金的强度大幅度下降，高温拉伸性能和抗蠕变性能变差，不能满足汽车、航空等行业零部件的要求。在20世纪中期，为了提高镁合金的强度和耐热性能展开了大量研究，使镁合金的使用温度可达200℃。稀土元素在Mg中固溶度大，不仅能够固溶强化还能够沉淀强化，含稀土合金相普遍具有较高的熔点，使稀土成为高强和耐热镁合金中最常见的合金元素。

4.1
镁合金的强化原理和强化相

4.1.1 镁合金强化原理

（1）细晶强化
工业镁合金为多晶材料，其晶粒越细则强度和塑性越高，因而可以通过细化晶粒来提高镁合金的力学性能。当细晶粒组织在外力作用下发生变形时，由于晶界协调作用可使变形分散在较多的晶粒内进行，并使塑性变形更均匀，因而应力集中程度较小；此外，晶粒细小时晶界密度增大，裂纹扩展时曲折更多消耗更多的能量。因此，细晶合金具有更高的强度和塑性。晶界对合金强度的影响程度（K）可用下式表示[1]：

$$K = M^2 \tau_c r^{1/2} \tag{4-1}$$

式中，M 为 Taylor 因子，它与激活的滑移系数量有关；τ_c 为临界剪切应力；r 为位错源与晶粒内部位错塞积处的距离。

对于金属镁，$K = 290\text{MPa} \cdot \text{m}^{1/2}$；对于金属铝，$K = 70.6\text{MPa} \cdot \text{m}^{1/2}$。镁的 K 值是铝的 4 倍以上，表明细化晶粒对提高镁合金的性能更为有效。在镁合金中添加稀土等合金元素，能够使 τ_c 值增大，使合金 K 值增大，从而使材料强度提高。

常用镁合金细化晶粒的方法有：①在熔炼时采用增加过冷度、振动和搅拌、变质处理等方式来细化铸态晶粒；②在变形时采取多道次大变形量加工工艺，改善加工条件，从而利用动态再结晶细化晶粒；③合金化。

（2）固溶强化

镁合金固溶强化效果取决于如下几方面因素：①在溶质原子与镁原子的尺寸差别较大时，晶格畸变程度增大，增加了位错滑移难度，则增强效果较好；②在固溶度范围内，合金元素加入量越大，则强化效果越好；③当形成间隙型固溶体时，其强化效果比形成置换固溶体的更好；④在溶质原子与镁原子的价电子数相差较大时，固溶强化效果显著。

从微观角度来看，在溶质原子周围形成畸变应力场，从而阻碍位错运动。阻碍位错运动的基本阻力为派-纳力，它是位错由一个对称位置移动到另一对称位置所需要克服的晶格阻力。稀土元素造成的晶格畸变，使位错运动的派-纳力提高，宏观上表现为屈服强度提高。此外，在变形过程中稀土原子偏聚到位错线附近，从而形成柯垂耳气团，起到钉扎位错作用，也起到强化作用[2~4]。

固溶强化后，镁合金屈服强度、抗伸强度和硬度都均高于纯镁；多数情况下固溶强化使镁合金延展性降低，合金抗蠕变性能改善，导电性大幅度下降。镁合金中固溶强化效果较好的元素为稀土元素、Al 和 Zn 等。

（3）沉淀强化

第二相粒子从过饱和固溶体中脱溶而引起的强化效应，称为沉淀强化。在变形时位错与沉淀相粒子产生的应力场发生交互作用，阻碍位错的运动。

镁合金中析出相的尺寸、形貌、取向和分布等因素对强化效果具有决定性的影响。根据 Orowan 机制，在颗粒强度较高时，位错运动在颗粒处受到阻碍，先发生弯曲，直到与位错接触，最后原位错分解成一个位错环加一个与原位错相同的位错[5]。这样位错绕过沉淀相后，增加了位错数量，并对后续的位错运动产生阻碍作用，从而使合金强化。对小颗粒强化相，沉淀强化使屈服强度增加的数值 $\Delta\sigma$ 用下式表示：

$$\Delta\sigma = \frac{0.81MGb}{2\pi(1-\nu)^{1/2}} \frac{\ln(d_P/b)}{\lambda - d_P} \qquad (4\text{-}2)$$

式中，M 为 Taylor 因子；b 为柏氏矢量值；G 为剪切模量；ν 为泊松比；λ 为强化相颗粒平均间距；d_P 为强化相颗粒的平均直径。

可知 $\Delta\sigma$ 与颗粒体积分数和颗粒尺寸相关。一般地 G. P. 区的沉淀强化最为显著，沉淀强化对合金强度的贡献可达到 $50\sim150$ MPa。

镁合金中的沉淀相主要为时效析出相。在时效过程中合金元素从固溶体中以金属间化合物的形式析出，生成的细小颗粒状化合物阻碍位错运动，使合金强度增加[6]。

（4）复合强化

通过制造镁合金基复合材料也能提高镁合金的力学性能、抗磨损能力、阻尼特性、高温性能。常用的增强相为增强颗粒或增强纤维。

4.1.2 含稀土镁合金的强化相

4.1.2.1 二元稀土合金相

稀土镁合金中通常添加 Ce、La、Pr、Nd 等轻稀土元素，或 Y、Gd、Dy、Ho、Er 等重稀土元素。RE 在镁中的最大固溶度、富镁端化合物及其熔点如表 4-1 所示。表中显示，镁稀土化合物熔点均在 550℃以上，它们的热稳定性很高。

⊡ 表 4-1 RE 元素在镁中的最大固溶度、富镁端化合物及其熔点[7, 8]

稀土元素 （RE）	原子序数	共晶温度 /K	最大固溶度		富 Mg 端生成的化合物相	
			质量分数/%	原子分数/%	名称	熔点/K
Sc	21	—	25.90	15.90	MgSc	—
Y	39	838	12.40	3.35	$Mg_{24}Y_5$	< 878
La	57	886	0.79	0.14	$Mg_{12}La$	913
Ce	58	863	1.60	0.28	$Mg_{12}Ce$	889
Pr	59	848	1.70	0.31	$Mg_{12}Pr$	853
Nd	60	821	3.60	0.63	$Mg_{12}Nd$	825
Pm	61	823	约 2.90	约 0.50	—	—
Sm	62	815	5.80	0.99	$Mg_{41}Sm_5$	823
Eu	63	844	约 0	约 0	$Mg_{17}Eu_2$	864
Gd	64	821	23.50	4.53	Mg_5G_d	915
Tb	65	832	24.00	4.57	$Mg_{24}Tb_5$	>832
Dy	66	834	25.80	4.83	$Mg_{24}Dy_5$	<873
Ho	67	838	28.00	5.44	$Mg_{24}Ho_5$	<873
Er	68	857	32.70	6.56	$Mg_{24}Er_5$	<873
Tm	69	865	31.80	6.26	$Mg_{24}Tm_5$	—
Yb	70	782	3.30	0.48	Mg_2Yb	991
Lu	71	889	41.0	8.80	$Mg_{24}Lu_5$	>889

图 4-1 为几种 Mg-RE 二元合金相图。二元系 Mg-RE 相图富镁端大多为共晶

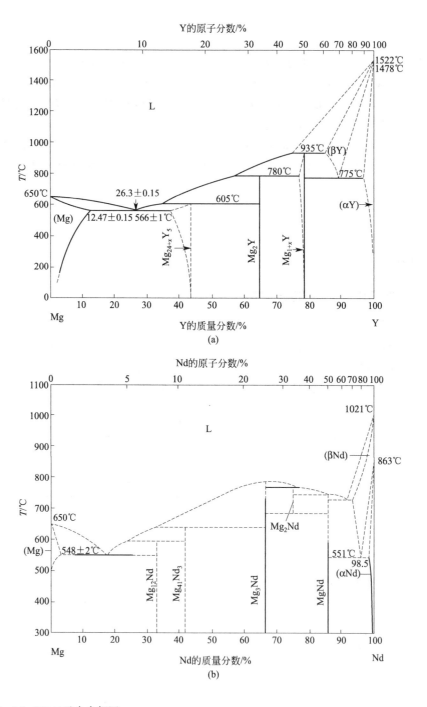

图 4-1 Mg-RE 二元合金相图

（a）Mg-Y 二元相图；（b）Mg-Nd 二元相图

相图。轻稀土元素 La、Ce、Pr 在镁中具有较小的固溶度，而重稀土元素均具有较大的固溶度，其中 Y、Gd 等元素的固溶度随着温度下降急剧减小，在下降到 470 K 时其固溶度仅为最大固溶度的 1/10。因此，镁合金在 773～803K 下固溶处理后，再在 423～523K 时效，能够从基体中析出弥散分布的沉淀相，时效强化效果显著。

4.1.2.2 镁合金中的含稀土时效析出相

（1）含稀土镁合金的时效析出相及其结构

稀土镁合金的时效析出相转变过程非常复杂，目前为止有些镁合金的时效析出过程仍未研究清楚。在一般情况下，不同镁合金系的时效析出过程不相同；同一合金系中不同成分的合金可能具有不同的时效析出序列；时效温度能够影响到时效析出过程和析出相；由于零件时效时各部分温度的不均匀性，也可能出现不同的脱溶产物。研究表明[9]：在多数镁稀土合金中，过饱和固溶体按如下沉淀析出顺序分解。

① Mg-Y 型（Y、Tb、Dy、Ho、Er、Tm、Lu）：
$$Mg(SSSS) \rightarrow \beta''(DO_{19}) \rightarrow \beta'(cbco.) \rightarrow \beta(Mg_{24}Y_5, bcc)$$

② Mg-Gd 型（Gd、WE 合金）：
$$Mg(SSSS) \rightarrow \beta''(DO_{19}) \rightarrow \beta'(bco.) \rightarrow \beta(Mg_5Gd, fcc)$$

③ Mg-Nd 型（Nd、Pr、La、Sm）：
$$Mg(SSSS) \rightarrow G.P. \rightarrow \beta''(DO_{19}) \rightarrow \beta'(fcc) \rightarrow \beta(Mg_{12}Nd, bcc)$$

其中，Mg(SSSS) 是 Mg-RE 过饱和固溶体，β'' 和 β' 是亚稳相，β 是稳定相。时效初期在过饱和固溶体中先形成 β'' 相；在时效中期析出 β' 相，通常此时合金强度最高；在时效后期析出稳定相 β。含稀土析出相的热稳定性很高，使 Mg-RE 合金的耐热性优良。几种典型的 Mg-RE 合金时效析出相序列见表 4-2。

表 4-2 几种典型的 Mg-RE 合金的时效析出相序列 [10~12]

合金系	时效初期析出相	时效中期析出相	时效后期析出相
Mg-Y	β''相：DO_{19} 型结构 $a \approx 2a_{Mg}, c \approx c_{Mg}$	β'相：斜方晶格 $a = 0.642nm$ $b = 2.242nm$ $c = 0.521nm$	β 相：$Mg_{24}Y_5$ （体心立方晶格） $a = 2.223nm$
Mg-Ce	—	中间相(不确定)	β 相：$Mg_{12}Ce$(六方晶格)
Mg-Nd	G.P. 区：形状为棒状(共格) β''相：DO_{19} 型结构 $a \approx 2a_{Mg}, c \approx c_{Mg}$	β'相：面心立方晶格 $a = 0.735nm$； 或六方晶格 $a = 0.52nm$， $c = 1.30nm$	β 相：$Mg_{12}Nd$, 体心正方晶格 $a = 1.031nm, c = 0.593nm$
Mg-Sm	G.P. 区：尚不确定 β''相：DO_{19} 型结构	β'相：尚不确定	β 相：$Mg_{41}Sm_5$，正方晶格， $a = 1.477nm, c = 1.032nm$

合金系	时效初期析出相	时效中期析出相	时效后期析出相
Mg-Pr	G. P. 区：尚不确定 β''相：DO_{19} 型结构	β'相：菱面体 $a \approx 4d_{<100>Mg}$, $b \approx 8d_{<100>Mg}$,$c \approx c_{Mg}$	β 相：$Mg_{12}Pr$,正方晶格, $a = 1.034nm$,$c = 0.598nm$
Mg-Dy	β''相：DO_{19} 型结构 $a \approx 2a_{Mg}$,$c \approx c_{Mg}$	β'相：斜方晶格 $a = 4d_{<100>Mg}$, $b \approx 8d_{<100>Mg}$,$c \approx c_{Mg}$	β 相：$Mg_{24}Dy_5$,立方晶格, $a = 1.1246nm$
Mg-Tb	β''相：DO_{19} 型结构 $a \approx 2a_{Mg}$,$c \approx c_{Mg}$	β'相：斜方晶格 $a = 4d_{<100>Mg}$, $b \approx 8d_{<100>Mg}$,$c \approx c_{Mg}$	β 相：$Mg_{24}Tb_5$,立方晶格 $a = 1.09nm$
Mg-Gd	β''相：DO_{19} 型结构	β'相：面心斜方晶格	β 相：Mg_5Gd,面心立方晶格
Mg-Y-Nd	β''相：DO_{19} 型结构 $a \approx 2a_{Mg}$,$c \approx c_{Mg}$	β'相：$Mg_{12}NdY$ 底心斜方晶格,$a = 0.64nm$, $b = 2.23nm$,$c = 0.52nm$	β 相：$Mg_{14}Nd_2Y$,面心正方晶格, $a = 2.23nm$
Mg-Sc	—	—	MgSc

（2）部分含稀土镁合金的时效析出转变

1）ZK 系＋稀土

Mg-4.5Zn-1Ce 合金的 TEM 像和选区电子衍射图结果如图 4-2 所示。图 4-2(a) 显示晶界处无规则形状的大颗粒沉淀相，其衍射斑点平行于 $[113]_{Mg_{17}Ce_2}$，证实了 $(Mg,Zn)_{17}Ce_2$ 相的存在。图 4-2(b) 为晶粒内部的 TEM 像，箭头方向指向晶界处，可知接近晶界处和远离晶界处的沉淀相形态不同。图 4-2(c) 为远离晶界处的 TEM 像，此处有取向一致的棒状或条状的沉淀相，SADP 结果表明该相为 Mg_4Zn_7 相。图 4-2(d) 为晶界附近 TEM 组织，除少量取向一致的棒状或条状 Mg_4Zn_7 相外，同时观察到块状的 Mg_4Zn_7 相和垂直于条状 Mg_4Zn_7 相的棒状 Mg_2Zn 相。

2）Mg-Gd

Rokhlin[13] 等人发现 Mg-Gd 合金的时效析出序列为：

$$\alpha(SSSS) \rightarrow \beta''(DO_{19}) \rightarrow \beta'(cbco) \rightarrow \beta(Mg_5Gd, fcc)$$

其中，时效初期的 β''相属于 DO_{19} 超结构，晶格常数为 $a = 2a_{Mg} = 0.64nm$，$c = c_{Mg} = 0.52nm$，满足如下对应关系：$[0001]_{Mg} // [0001]_{\beta''}$，$[10\overline{1}0]_{Mg} // [10\overline{1}0]_{\beta''}$。$\beta'$相属于面心正交结构，晶格常数为 $a = 0.640nm$，$b = 2.223nm$，$c = 0.521nm$，满足如下对应关系：$[0001]_{Mg} // [011]_{\beta'}$，$\{11\overline{2}0\}_{Mg} // \{111\}_{\beta'}$。$\beta'$相与基体呈半共格匹配关系，而且其热稳定性高、体积分数大、尺寸小，能够阻碍位错移动，因此认为 β'是合金性能提高的主要原因。当时效时间较长时，粗大的平衡相 β 在晶粒内部或者在晶界处析出，其成分为 Mg_5Gd，呈面心立方结构，晶格常数为 $a = 2.2158nm$。

进一步的研究表明[14,15]，在 Gd 含量小于 10% 的 Mg-Gd 合金中，合金的时效硬化作用并不明显。在合金时效过程中析出了 β''相：

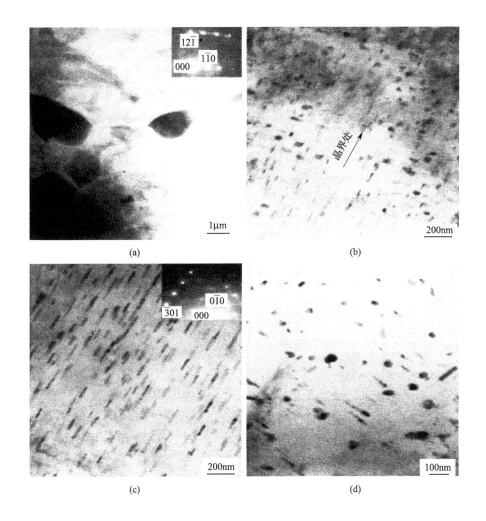

图 4-2　Mg-4.5Zn-1Ce 合金的 TEM 像及选区电子衍射图

$$\alpha(\mathrm{SSSS}) \rightarrow \beta''(\mathrm{DO}_{19}) \rightarrow \beta(\mathrm{Mg_5Gd, fcc})$$

在 Gd 含量大于 10% 的合金中，时效时先后析出了 β″相和 β′相，合金的时效硬化作用明显，其时效析出过程为：

$$\alpha(\mathrm{SSSS}) \rightarrow \beta''(\mathrm{DO}_{19}) \rightarrow \beta'(\mathrm{cbco}) \rightarrow \beta(\mathrm{Mg_5Gd, fcc})$$

因此一般认为 β′相为 Mg-Gd 二元合金的强化相。但是在 Mg-3Gd-3Nd 三元合金时效时，虽然只生成 β″中间相，合金仍具有明显的时效硬化特性，表明 β″相也是时效强化相，β″相的强化作用大小可能与其成分有关。

3) Mg-Y- Nd

20 世纪 90 年代，用作耐热镁合金的 Mg-Y-Nd 合金被深入研究，WE54 和 WE43 合金是其代表。沉淀强化是 Mg-Y-Nd 合金的主要强化方法。

早先的研究结果[16] 表明，WE 系合金主要的时效析出相为 β'' 相、β' 相和 β 相。当时效温度低于 250℃时，先后析出的时效相为 β'' 相和 β' 相，随着时效温度的增高和时效时间的延长，亚稳相 β'' 相和 β' 相转变成平衡相 β 相（$a=2.223\mathrm{nm}$）。

β' 相呈透镜状，沿镁的棱柱面析出，对镁合金基面滑移具有良好的阻碍作用。He 等人描述了如图 4-3 所示的理想情况模型[17]。模型中 β' 相在棱柱面上的中心位置析出，垂直于镁晶体的基面，以致密的三角形排布。这种析出相及其排列方式相间距较小，沉淀粒子可阻碍基面位错剪切，弥散强化效果好。

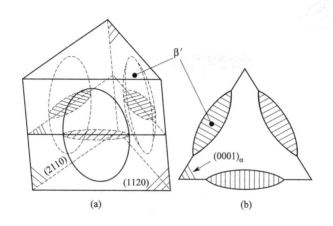

图 4-3　β' 析出相的形貌和惯习面理想模型
（a）Mg 基体中三角棱柱内 $\{2\overline{1}\overline{1}0\}_\alpha$ 面上 β' 相的理想分布；（b）三角棱柱内 $\{0001\}_\alpha$ 面的投影图

在研究 WE54 合金在 250℃时效过程中沉淀相的变化规律时，最先发现了在 β'' 相和 β 相之间存在另外一个亚稳相 β' 相[18~20]。在欠时效条件下，显微结构为在 $\{11\overline{2}0\}$ 面上沿 $\langle 1\overline{1}00 \rangle$ 方向分布的片状沉淀相，以及分布于单个或一族沉淀相中心的球状颗粒，通过电子显微分析证实了球状颗粒正是 β' 相，不同的是其形态并非片状结构。而观察到的片状沉淀相的结构尚不清晰。随着时效的进行，片状沉淀相逐渐减少，β' 相的体积分数逐渐增加。时效 48h 后残余的片状沉淀相粗化，β' 相转变为具有小平面的不规则形状。

Nie 等人发现新的沉淀相 β_1，如图 4-4 所示。它是面心立方结构，Fm3m 型空间点阵，$a=(0.74\pm0.01)\mathrm{nm}$，化合物成分类似 Mg_3X（X＝RE），它呈盘状，位向关系为 $(112)_{\beta_1}//(1100)_\alpha$，$[110]_{\beta_1}//[0001]_\alpha$。$\beta_1$ 相与呈团簇形式分布的 β' 相相连，后者有效地调节了相变过程中所需的应变能，为 β_1 的形核提供了条件。进

一步研究表明，新形成的 β_1 相并不稳定，经过一段时间后，它们会在原位转变成稳定的 β 相（如图 4-5 所示），而 β' 相也会随着时效时间的延长逐步发生分解，最后全部转化为高温稳定的 β 相。此后 Antion[21] 在 Mg-Y-Nd 析出相研究中也观察到和证实了 β_1 相的存在。

因此 Mg-Y- Nd 合金的时效析出序列为：

$$\alpha(SSSS) \rightarrow \beta''(DO_{19}) \rightarrow \beta'(cbco) \rightarrow \beta_1(fcc) \rightarrow \beta(Mg_5Gd \text{型}, fcc)$$

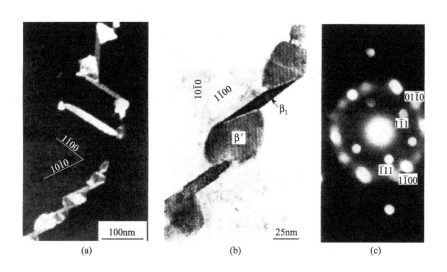

图 4-4　WE 系合金中 β' 相→β_1 相转变的 TEM 图

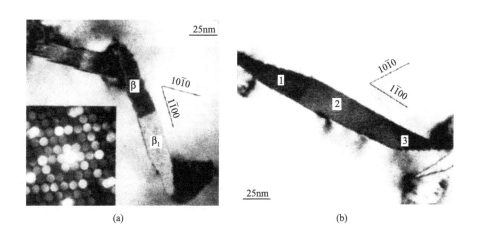

图 4-5　WE 系合金中 β_1 相→β 相的 TEM 图

4) Mg-Gd-Y/Nd-Zr

2006 年，He 等人[22] 在研究 Mg-10Gd-3.0Y-0.4Zr 析出序列时也证实了 β_1 相，并指出各个阶段析出相与基体的位向关系为：

β''：$[0001]_{\beta''}$ // $[0001]_\alpha$，$(2\bar{1}\bar{1}0)_{\beta''}$ // $(2\bar{1}\bar{1}0)_\alpha$；

β'：$[001]_{\beta'}$ // $[0001]_\alpha$，$(100)_{\beta'}$ // $(2\bar{1}\bar{1}0)_\alpha$；

β_1：$[110]_{\beta_1}$ // $[0001]_\alpha$，$(\bar{1}12)_{\beta_1}$ // $(1\bar{1}00)_\alpha$；

β：$[110]_\beta$ // $[0001]_\alpha$，$(\bar{1}12)_\beta$ // $(1\bar{1}00)_\alpha$。

Mg-Gd-Nd-Zr 合金中 β'' 相→β' 相转化的 TEM 图如图 4-6 所示。

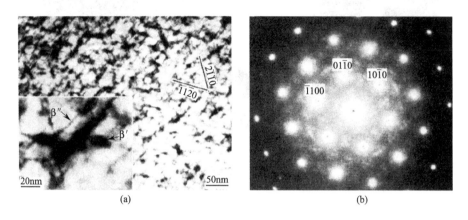

图 4-6　Mg-Gd-Nd-Zr 合金中 β'' 相→β' 相转化的 TEM 图[23]

图 4-7 为 Gao 等在研究 Mg-15Gd-0.5Zr 合金时观察到的 β' 相向 β_1 相，以及 β_1 相向 β 相的转化过程[24]，并提出了图 4-8 所示的相转化过程。

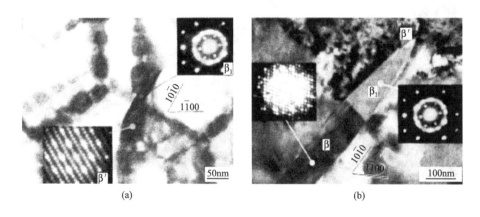

图 4-7　Mg-15Gd-0.5Zr 合金中 β' 相→β_1 相转化和 β_1 相→β 相转化的 TEM 图

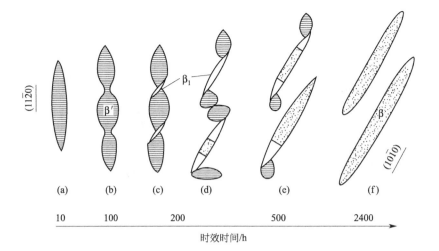

图 4-8　β′ 相→β₁ 相→β 相转化示意图

Honma[25] 在研究 Mg-11Gd-4Y-0.2Zr 合金时效时，认为 β′相和 β₁ 相是合金的主要强化相。后来，Yamasaki[26] 向合金 Mg-Gd-Y-Zr 中添加 Zn，比较研究发现，Zn 的加入能改变相的形貌，生成了 14H 的长条状沉淀，提高合金的室温性能，但对合金的分解序列无影响，认为 β′相、β₁ 相和含 Zn 的化合物是合金的主要强化相。Li 等[27] 研究表明：Mg-10.1Gd-3.74Y-0.25Zr 合金在固溶处理后，经 225℃×24 h 时效处理的强化效果最好，其室温抗拉强度可达 285MPa（消失模铸造）和 325MPa（金属型铸造）。

5）Mg-Dy 系

含 Dy 镁合金在时效后形成 $Mg_{24}Dy_5$ 相（属立方晶系，$a=1.1283nm$），在时效过程中，Mg-Dy 二元合金中的析出序列为：

$$\alpha(SSSS) \rightarrow \beta''(DO_{19}) \rightarrow \beta'(斜方晶) \rightarrow \beta(Mg_{24}Dy_5, 立方晶, a=1.1283nm)$$

但是在 Mg-Dy-X（X 为其他元素）合金的时效过程中，会出现 β₁ 相。Apps[28] 在 Mg-7Dy-2Nd 合金中证实了 β₁ 相的存在，并测出 Mg-7Dy-2Nd 合金中 β₁ 相和 β 相的原子组成比，观察到 β₁ 相向平衡相 β 发生原位转变，两相间的区域分界清晰可见。认为 β₁ 相成核不仅与 β′相有关，而且与 β″相有关。李德辉等[29,30] 在 Mg-3.5 Dy-4.0Gd-3.1Nd-0.4Zr 合金中发现 β₁ 相在基体 $\{11\bar{2}0\}$ 面上形成，与基体位向关系为 $\{1\bar{1}1\}_{\beta_1}//\{11\bar{2}0\}_{\alpha}$，$\{110\}_{\beta_1}//\{0001\}_{\alpha}$，进一步时效，盘状的稳定相 β 生成，沿基体 $\{1\bar{1}00\}_{\alpha}$ 生长，与基体的位向关系和 β₁ 相相同。图 4-9、图 4-10 分别为在 Mg-Dy-Nd 合金中观察到的 β″相向 β′相、β₁ 相向 β 相转化。

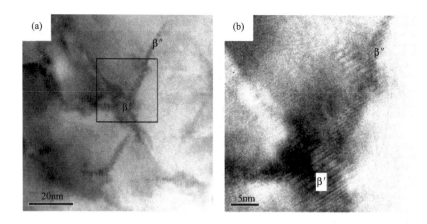

图 4-9　Mg-Dy-Nd 系合金中 β″ 相→ β′ 相转化的 TEM 图

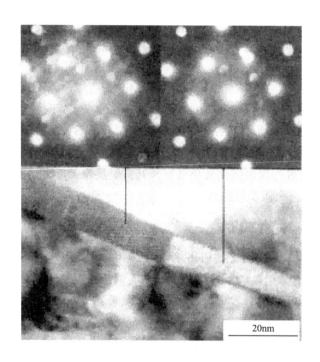

图 4-10　Mg-Dy-Nd 系合金中 β₁ 相→ β 相转化的 TEM 图

4.1.2.3　高强韧镁合金中的 LPSO 相

在镁合金中添加 Zn、Cu、Ni 等过渡族元素，它们与 RE 元素一起形成 LPSO 相。LPSO 相是一种强韧化相，在提高合金强度的同时并不损伤韧性，因而成为近些年研究的热点。

LPSO 相通常在特定成分的 Mg-RE-Zn 合金的凝固过程中直接形成。除了快速凝固/粉末冶金（RS/PM）和熔体甩带（melt-spun）等快速凝固的方法外，通过铜模浇铸、感应熔炼以及传统铸造制备的 Mg-RE-Zn 合金中都可观察到 LPSO 相，这表明 LPSO 相是该类镁合金中较稳定的一种第二相。此外，对铸态合金进行热处理或热塑性加工时，从基体中也会析出 LPSO 相，或由晶界处的第二相转变生成，但其结构与铸态合金中的 LPSO 相不同。目前，在 Mg-RE-Zn 合金中已确认的 LPSO 相主要包括 10H、14H、18R 和 24R 这几种类型，而在 Mg-Co-Y 合金中发现了结构为 12H、15R、21R、29H、51R、60H、72R、102R 和 192R 的 LPSO 相。在众多 LPSO 结构中，最普遍的是 18R 和 14H 两种。

目前研究得最多的是 Mg-Zn-Y 合金中的 LPSO 相，其典型化学成分为 $Mg_{12}ZnY$ 相。LPSO 相为多层错结构，Y 能显著提高其结构稳定性，Zn 是结构的组成部分同时提高力学性能。

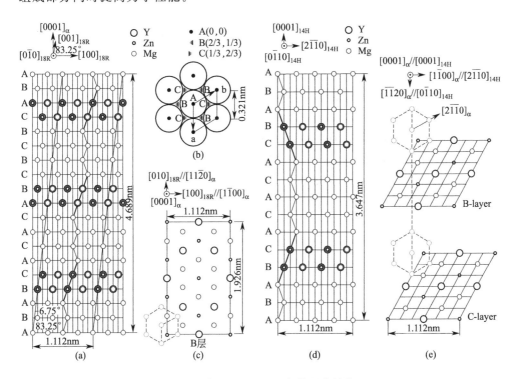

图 4-11　Mg-Y-Zn 合金中 18R LPSO 相和 14H LPSO 相的晶体结构

图 4-11 为利用高角环形暗场扫描透射技术（HAADFSTEM）解析的 Mg-Y-Zn 合金中 18R 和 14H 相的晶体结构[31]。18R LPSO 相为单斜结构，晶胞参数为 $a=1.112$nm，$b=1.926$nm，$c=4.689$nm，$\beta=83.25°$，沿密排面的堆垛次序为

ABABCACACABCBCBCABABA，化学式为 $Mg_{10}Y_1Zn_1$。14H LPSO 相为有序六方结构，晶胞参数为 $a=1.112nm$，$c=3.647nm$，沿密排面的堆垛次序为 ABAB-CACACACBABA，化学式为 $Mg_{12}Y_1Zn_1$。可见，-ABCA-型堆垛单元的数量和堆垛方式决定了 LPSO 相的结构类型。

因此可将长周期有序堆垛镁合金分为两种类型：第一类包括 Mg-Y-Zn、Mg-Dy-Zn、Mg-Ho-Zn 和 Mg-Er-Zn 合金，其 18R 类型长周期有序堆垛相可在快速凝固过程中形成，且形成的 18R 在高温退火后大多数转化为 14H；第二类包括 Mg-Gd-Zn、Mg-Tb-Zn 和 Mg-Tm-Zn 等合金，铸态中不存在长周期有序堆垛相，经高温退火可从 α-Mg 过饱和固溶体中析出 14H 型长周期有序堆垛相。

对于 Mg-RE-Zn 合金中不同稀土形成的 LPSO 结构，稀土对合金力学性能的影响如下：屈服强度由高到低分别为：Y>Gd>Er>Tm>Dy>Ho>Tb，抗拉强度由高到低分别为：Y>Gd>Tb>Dy>Ho>Er>Tm，断后伸长率由高到低分别为：Gd>Y>Tb>Tm>Dy>Ho>Er[32]。因此可以表明，Y 和 Gd 所形成的 LPSO 结构，使镁合金力学性能增大。

室温时，LPSO 相主要通过以下四个方面提高镁合金的强度[31]。

① LPSO 相自身性能好 LPSO 相具有高硬度和高模量，是具有良好性能的增强相。此外 LPSO 相具有良好的塑性，在变形过程中能发生扭折，形成位错墙，可进一步钉扎位错，使位错聚集在扭折带处，增大变形阻力。

② LPSO 相的含量及分布状况 铸态合金中的 LPSO 相通常为网状，热加工后的 LPSO 相为短纤维状，且纤维长度（基面）方向平行于变形方向，这些分散且规则排列的短纤维状 LPSO 相可以近似按照"短纤维增强机制"强化合金。Hagihara 等依照复合材料塑性变形行为的方式，模拟计算出 Mg/LPSO 挤压态合金的屈服强度，计算结果与实验结果相符，从而证实了 LPSO 相在合金中呈现出"短纤维增强"的效果。此外，合金强化效果与 LPSO 相的含量有关。少量的 LP-SO 相可以显著提高合金强度，但是当 LPSO 相达到一定体积分数时，强化效果减弱。Li 等发现，Mg-Y-Zn 合金中 LPSO 相的体积分数低于 20.3% 时，其强化效果较好，体积分数进一步增加时增强效果不明显，且合金的塑性显著下降。

③ LPSO 相与 α-Mg 共格 18R 和 14H 结构均与 α-Mg 基体呈共格界面，该界面可以有效地抑制裂纹源的萌生，LPSO 相与基体的结合可提高合金强度。同时，该界面可有效阻碍位错运动，限制位错堆积在 LPSO 结构内部（及表面）而不扩展到 α-Mg 基体，使合金的拉伸性能明显提高。

④ LPSO 相引起的晶粒细化 LPSO 相可以通过粒子激发再结晶形核（PSN）机制细化晶粒，依据 Hall-Petch 公式可知，细化晶粒可增强合金强度。Liu 等发现，Mg-Y-Zn 合金变形过程中 LPSO 相引发了两步动态再结晶，低应变时 18R 相通过 PSN 机制促进动态再结晶，层片状的 14H 相抑制 DRX；高应变时，14H 相被扭折并破碎，细小的 14H 相颗粒通过 PSN 机制促使第二步再结晶。

总体来看，LPSO 相中富集 RE 元素，具有高模量和高硬度的特点。同时 LPSO 相与 α-Mg 完全共格，当 LPSO 相优势取向沿变形方向排列时强化效果更加显著。

4.2
含稀土高强镁合金及其应用

由上述稀土元素在镁合金中的作用可知道，RE 元素添加到镁合金中，能改善铸造性能，减少显微疏松和热裂倾向，改善合金焊接性能，提高焊缝强度，提高合金的耐蚀性能，提高合金的高温强度和抗蠕变性能等。

4.2.1 稀土强化型镁合金

4.2.1.1 AZ 系（Mg-Al-Zn 系）＋RE[33]

Mg-Al-Zn 系镁合金属于高性能和低成本的镁合金。Al 元素不仅形成固溶体，还形成 $β$-$Mg_{17}Al_{12}$ 相。Zn 元素含量通常低于 1%，全部固溶于基体中。AZ 系合金强度可达到 300MPa，伸长率可达 15%。通过添加稀土元素对 AZ 系合金进行细化晶粒、固溶强化和第二相强化，常用元素有 Y、Gd、Ce、Nd、Er 等元素，一般添加量低于 5%。

李明照等在 AZ31 中添加 0.6% 的 Nd，合金中形成了 $Al_{12}Nd$ 和 $Mg_{12}Nd$ 金属间化合物，晶粒尺寸由 $68μm$ 降至 $29μm$。合金铸态抗拉强度由不含 Nd 的 135MPa 提高到 245MPa，断后伸长率由不含 Nd 的 3.8% 提高到 9%。

赵源华等在 AZ91 中添加 1.5%La，使合金平均晶粒尺寸由 $95μm$ 降至 $45μm$，合金中析出 $Al_{11}La_3$ 化合物，同时使 $Mg_{17}Al_{12}$ 相数量减少。铸态合金的抗拉强度达 226MPa，延伸率达 7.5%，均明显好于铸态 AZ91。赵源华等向 AZ91 中复合添加 1.0%Nd 和 1.5%Ce，铸态抗拉强度达 240MPa，延伸率达 11%，性能好于稀土单独加入。宋雨来等向 AZ91 中添加 1.1%～2.0%Ho，Ho 起细化晶粒、抑制 $Mg_{17}Al_{12}$ 相析出、生成 Al_2Ho 的作用，使合金强度升高，抗拉强度达 273～283MPa，延伸率达 4.5%～5.8%。肖代红等向 AZ91 中添加 0～1.92%Er，生成了 Al_3Er 相，Er 也起到细化晶粒、抵制 $Mg_{17}Al_{12}$ 相析出的作用。

李克杰等对 AZ61＋xSm 合金进行了研究，0.5%～2.0% 的 Sm 使合金组织细化，并析出粒状的 Al_2Sm 相。420℃×20h 的固溶处理使 $β$-$Mg_{17}Al_{12}$ 相全部固溶到 α-Mg 基体中，但不能使高温相 Al_2Sm 相固溶。1.5%Sm 使固溶态合金的强度和塑性高于 AZ61，高温拉伸性能显著提高。

但是，铝与稀土的电负性之差大于镁与稀土的，铝极易与 RE 形成 Al-RE 相

（Al_2RE 或 $Al_{11}RE_3$）。Al_2RE 或 $Al_{11}RE_3$ 相熔点高、热稳定性优异，热处理不会消失，又不易变形，它与基体不共格，对力学性能的提高作用有限，因此可认为 Al-RE 相的生成降低了稀土收得率。

4.2.1.2 ZK 系（Mg-Zn-Zr 系）＋RE

在 Mg-Zn-Zr 系合金中，Zr 元素起细化晶粒作用，不参与形成合金相；Zn 元素除固溶于基体中外还形成第二相，具有明显的时效硬化效果。常用的 ZK 系合金有 ZK21、ZK41、ZK60 等。

Mg-Zn-Zr 系合金具有热裂倾向严重、可塑性差、不可焊等诸多缺点，一旦铸件出现缩松、缩孔、热裂等铸造缺陷只能报废，故此系列合金很少在铸态条件下应用。该系合金在高温下氧化倾向大，缩松、缩孔倾向大，添加稀土元素可以净化金属液并起阻燃作用，有效地避免了缩松、缩孔、热裂等铸造缺陷。

目前，常用的稀土元素为 Y、Nd、Gd、La、Er、Ce、Dy 等，它们在减少收缩缺陷的同时降低热裂倾向。稀土元素能显著细化晶粒，改善合金中基体相的分布，从而较大幅度地提高抗拉强度。在 Mg-Zn-Zr 合金中添加稀土元素后，将在晶界处形成化合物相，显著提高合金的铸造性能，并改变合金时效析出相。

ZK60 镁合金（Mg-6Zn-0.6Zr）铸态抗拉强度达到 262MPa，屈服强度达到 151.9MPa；其变形态合金抗拉强度可达 360MPa。如 ZE61K [Mg-5.5Zn-1.0RE (Y，Gd)-0.6Zr] 在 T6 处理后 $\sigma_b = 278MPa$，$\sigma_{0.2} = 150MPa$；Mg-6.0Zn-1.0Y-0.6Zr 合金在铸态条件下可获得 247MPa 的抗拉强度，经过 T6 处理后抗拉强度达到 286MPa；Mg-3.0Nd-0.2Zn-0.4Zr 合金的铸态力学性能较差，常温下 $\sigma_b = 163.27MPa$，但经固溶和时效处理后力学性能显著提高，T4 处理后 $\sigma_b = 211MPa$，T6 处理后 $\sigma_b = 295.13MPa$；Mg-2.85Nd-1.5Gd-0.2Zn-0.4Zr 合金 T6 处理后合金的拉伸强度和屈服强度都得到大幅提高，其抗拉强度和屈服强度分别为 $\sigma_b = 280MPa$，$\sigma_{0.2} = 165MPa$[34]。

王敬丰等[35] 研究了 Y 对 Mg-Zn-Zr 合金组织的影响。合金中含 Y 合金相随着 Y 元素含量的不同而变化。在 Y 含量较低时，第二相主要为 I 相（Mg_3YZn_6）；在 Y 含量增大时，第二相转变成了 W 相（$Mg_3Y_2Zn_3$）；Y 含量进一步增加，第二相主要为 LPSO 相（$Mg_{12}YZn$）。不同合金相对合金力学性能的贡献，从强到弱依次为 LPSO 相＞I 相＞W 相。

4.2.2 稀土为主加元素的高强镁合金

4.2.2.1 Mg-RE

Mg-RE 合金研究较早，RE 在镁中具有高的固溶度，具有较好的时效硬化效果。从时效的角度考虑而开发出的 Mg-Gd-Y 合金，从 LPSO 相的角度考虑而开发出的 Mg-RE-Zn 系合金，从高塑性角度开发出的 Mg-Gd-Zn 系合金是当前的研究热点之一。

对 Mg-LRE（轻稀土 La、Ce、Pr、Nd、Sm 等）二元合金研究发现，铸造合金力学性能随着 RE 含量增加而提高，但当加入的稀土大于 3%时，合金性能提高不明显，有时甚至下降。几种轻稀土对合金力学性能的作用效果，按 La、Ce、Pr、Nd 顺序依次增加。挤压态 Mg-LRE 二元合金的室温力学性能比铸态提高了近一倍，高温力学性能比铸态的高很多。稀土 Sm 含量为 3%时，采用 T5 热处理后挤压态合金的性能最好，优于采用 T6 处理。

对 Mg-HRE（重稀土 Y、Gd、Dy、Ho、Er 等）二元合金研究发现，合金性能随着稀土含量增加而提高。稀土 Y 含量在 5%以下性能提高较为缓慢，当达到 6%以上时，性能显著提高。当稀土 Gd 含量高于 10%时，性能迅速提高。当稀土 Dy、Ho 含量高于 15%时，性能大幅提升。而 Mg-Er 合金性能随 Er 含量增加平稳上升。当以上重稀土含量接近其固溶度时性能最高。Mg-Y、Mg-Dy 合金 T5 处理后，性能都优于 T6 处理，特别是热轧 Mg-Y 合金经过 T5 处理后，力学性能显著提高。稀土 Eu 和 Yb 加入镁中，合金的力学性能有所提高，但与 Y、Gd、Dy、Ho、Er 等相比强化效果较差，特别是高温性能下降很快。对 Mg-Sc 二元挤压合金的研究发现，Sc 的加入对合金的室温性能提高不大，但对合金的高温性能提高显著，当 Sc 含量达到 10%以上时，时效强化效果显著。

Mg-xRE 二元合金的室温力学性能如图 4-12 所示。

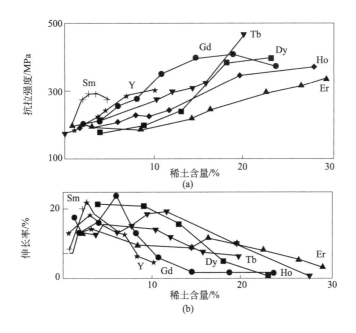

图 4-12　Mg-xRE 二元合金的室温力学性能[36]

4.2.2.2 商业牌号的含稀土镁合金

目前已经形成商业牌号的含稀土镁合金成分如表 4-3 所示，部分合金的室温和高温力学性能如表 4-4 所示。

▣ 表 4-3 含稀土镁合金的合金成分

合金牌号	合金主要成分（质量分数）/ %
EK30	Mg-(2.5~4.4)%RE-(0.2~0.4)%Zr
EK31	Mg-(3.5~4.0)%RE-(0.4~1.0)%Zr
EK41	Mg-3.5%RE-0.6%Zn-0.4%Zr
WE33	Mg-3%Y-2.5%Nd-1%重稀土-0.5%Zr
WE43	Mg-(3.75~4.25)%Y-(2.4~3.4)%RE-(0.4~1.0)%Zr
WE54	Mg-(4.75~5.5)%Y-(2.0~4.0)%RE-(0.4~1.0)%Zr
MEZ	Mg-2.5%RE-0.35%Zn-0.3%Mn
ML9	Mg-(1.9~2.6)%Nd-(0.2~0.8)%In-(0.4~1.0)%Zr
ML10	Mg-(2.2~2.8)%Nd-(0.1~0.7)%Zn-(0.4~1.0)%Zr
ML11	Mg-(2.5~4.0)%$\sum$RE-(0.2~0.7)%Zn-(0.4~1.0)%Zr
ML19	Mg-(1.6~2.3)%Nd-(1.4~2.2)%Y-(0.1~0.6)%Zn-(0.4~1.0)%Zr
MA11	Mg-(2.5~3.5)%Nd-(1.5~2.5)%Mn-(0.1~0.22)%Ni
MA12	Mg-(2.5~3.5)%Nd-(0.3~0.8)%Zr
ZM3	Mg-(2.5~4.0)%RE-(0.2~0.7)%Zn-(0.4~1.0)%Zr
ZM6	Mg-(2.0~2.8)%RE-(0.2~0.7)%Zn-(0.4~1.0)%Zr
ZM9	Mg-Y-Zn-Zr
MB22	Mg-(2.9~3.5)%Y-(1.2~1.6)%Zn-(0.45~0.8)%Zr

▣ 表 4-4 含稀土镁合金的力学性能

合金牌号	状态	温度/℃	抗拉强度 σ_b/MPa	屈服强度 $\sigma_{0.2}$/MPa	伸长率 δ/%
EK41	T6	RT	152	111	1
MEZ		RT	235	120	12
ML9	T6	RT	226	108	4
		200	200	135	5
		250	170	120	5
		300	120	100	20
ML10	T6	RT	226	137	3
		200	190	140	8
		250	165	130	13
		300	135	110	17

合金牌号	状态	温度 /℃	抗拉强度 σ_b/MPa	屈服强度 $\sigma_{0.2}$/MPa	伸长率 δ / %
ML11	T6	RT	137	98	2
		200	140	80	6
		250	130	75	8.5
		300	105	60	30
ML19	T6	RT	216	118	3
		200	215	120	3
		250	200	110	7
		300	150	100	12
		350	110	80	15
MA11	挤压材	RT	260	130	5
		200	210	110	13
		250	180	90	15
		300	140	80	19
MA12	挤压材	RT	260	130	5
		200	170	120	10
		250	140	100	16
		300	100	80	20
ZM3	铸态,T2	RT		145	3
		200	145		3
		250	145	30	
		300	110		
ZM6	T6	RT		255	5
		200	255		5
		250	165	37	
		300	110		
ZM9	T1	RT			
		200	215		8
		250	140	50	
		300	115	27	
MB22	热轧板材	RT	277	212	9
		175	209	159	20
		250	192	146	20
		300	106	100	36

4.2.2.3 Mg-Gd-RE 系镁合金

Gd 和 Y 固溶度高、时效强化效果好，对提高合金强度非常有效，Mg-Gd-Y 合金成为近几年的研究热点。Mg-Gd-Y 属于沉淀强化型合金，其强化效果与析出相的数量、分布和形状等有关。

中国科学院长春应用化学研究所系统研究了 Mg-Gd 二元合金，研究发现，稀土 Gd 不仅可以细化晶粒，还可以减小二次枝晶间距。当 Gd 的含量小于 5％时，时效硬化现象不明显；当 Gd 的含量大于 8％时，时效硬化效果增大；当 Gd 的含量约为 20％时具有最高的峰值硬度。表 4-5 为 Mg-xGd 合金铸态和峰值时效硬度时的力学性能，可以看出随着 Gd 含量的增加，铸态和 T6 态合金的室温和高温力学性能都提高，但伸长率减小。Gd 含量约为 12％～15％时，时效增强效果最为显著。

⊡ 表4-5　Mg-xGd合金的力学性能

合金	状态	硬度（HV）	抗拉强度 σ /MPa		屈服强度 $\sigma_{0.2}$/MPa		伸长率 δ /%	
			RT	250℃	RT	250℃	RT	250℃
Mg-5Gd	铸态	60	127	113	62	58	8.1	14.3
	T6	65	125	94	90	60	8.1	11.2
Mg-8Gd	铸态	70	138	125	84	67	6.7	11.2
	T6	86	159	116	92	69	5.4	8.0
Mg-12Gd	铸态	81	182	146	132	101	6.6	9.4
	T6	98	238	178	185	122	4.4	6.5
Mg-15Gd	铸态	95	198	156	174	106	4.2	6.5
	T6	110	241	188	203	142	3.9	5.2
Mg-20Gd	铸态	115	250	194	250	178	0.3	1.3
	T6	153	245	204	245	188	0.7	2.1

注：RT—室温。

研究者发现在 Mg-RE 合金中加入 Zr 和 Zn 能提高合金的性能，加入 Ag 可提高耐热性能。在 Mg-Gd-Zr 合金中加入 1％～2％Zn，使合金力学性能显著增加，屈服强度提高近一倍，同时抗蠕变性能也得到提高。同时加入 Zn 和 Ag，材料的时效硬度进一步增强。另外，元素 Mn 是 Mg-RE 合金中重要的合金化元素，可显著提高合金的耐蚀性。对于 Zr 和 Mn 在 Mg-9Gd-4Y 合金中的作用，研究认为 Zr 含量不同对合金的细化机制不同，低含量的 Zr 作用是抑制晶粒长大，而高含量的 Zr 作用是增加异质形核质点。

在同等条件下，Mn 与 Zr 相比对合金的形变作用更显著，高温下含 Mn 的合金伸长率较大，含 Zr 的合金更适宜进行 T5 处理，含 Mn 的合金经 T6 处理可获得较优良的综合性能。上海交通大学研究表明，在 Mg-Gd-Y 合金中加入少量 Zn 能够进一步改善综合性能，同时添加少量 Ca，可以改善耐热性能。挤压态 Mg-Gd-Y 合金的室温力学性能如表 4-6 所示[37]。

⊡ 表4-6　挤压态 Mg-Gd-Y 合金的室温力学性能

合金牌号	状态	屈服强度/MPa	抗拉强度/MPa	伸长率／%
Mg-10Gd-2Y-0.5Zr	F＋挤压(400℃)	219	305	25.6
	F＋挤压(350℃)	232	314	22.9
	T5＋挤压(400℃)	311	403	15.3
	T5＋挤压(350℃)	331	397	12.8

合金牌号	状态	屈服强度/MPa	抗拉强度/MPa	伸长率 / %
Mg-10Gd-3Y-0.5Zr	铸态＋挤压	192	290	13
	挤压＋T5,250℃	228	341	11
	挤压＋T5,225℃	261	383	9
	挤压＋T5,200℃	311	397	5
Mg-10Gd-3Y-1Zn -0.52r	铸态＋挤压	231	347	11
	挤压＋T5,250℃	255	382	9
	挤压＋T5,225℃	285	406	6
	挤压＋T5,200℃	331	428	4
Mg-9Gd-4Y-0.6Mn	挤压＋T6	310	336	11.2
	挤压＋T5	320	360	5
Mg-9Gd-4Y-0.6Zr	挤压＋T6	298	320	4.5
	挤压＋T5	320	370	3.5
Mg-9Gd-4Y-0.6Zr	挤压	274	312	4.8
	挤压＋T4	187	238	5.7
	挤压＋T5	319	370	4.0
	挤压＋T6	293	347	4.5
Mg-6Gd-2Nd-0.5Zr	450℃挤压	205	275	20.5
	350℃挤压	252	350	7.8
	450℃挤压＋时效	240	287	28.8
	350℃挤压＋时效	273	381	17.6

Homma 等[38] 制备了 Mg-10Gd-5.67Y-1.60Zn-0.52Zr 高强镁合金，在挤压态和 T5 态下，在合金晶界处均析出大量的 Mg_5Gd 相和不连续的 LPSO 相，使合金强度大幅度提高。挤压态平均晶粒尺寸为 $0.9\mu m$，力学性能为：UTS＝461MPa，$\sigma_{TPS}=419MPa$，$\varepsilon_{TF}=3.6\%$；T5 态性能平均晶粒尺寸为 $1.1\mu m$，力学性能为：$\sigma_{UTS}=542MPa$，$\sigma_{TPS}=473MPa$，$\varepsilon_{TF}=8.0\%$。

4.2.2.4 Mg-Y-Sm 或 Mg-Gd-Sm 系

李大全等[39] 对 Mg-4Y-4Sm-0.5Zr 合金进行了固溶处理，其工艺为 525℃×8h。处理后合金晶间共晶相完全溶入基体；Y 和 Sm 在镁基体内均匀分布，晶粒比铸态有一定程度长大。然后再进行时效处理，观察其时效析出过程和合金强度。Mg-4Y-4Sm-0.5Zr 合金在 200℃×16h 的欠时效状态下具有最佳的力学性能。此时晶内只有 β′ 一种析出相，β′ 在晶内和晶界上弥散分布，有效强化合金，合金具有最高的抗拉强度和延伸率。合金抗拉强度达到 348MPa，屈服强度达到 217MPa，延伸率为 6.9%。随时效时间的增加，β′ 相逐渐合并长大呈盘状沿 $\{21\bar{1}0\}$ 惯习面析出。β′ 相具有底心正交晶体结构（$a=0.640nm$，$b=2.223nm$，$c=0.521nm$），与镁基体的位向关系为：$(100)_{\beta'}//(\bar{1}2\bar{1}0)_\alpha$，$(001)_{\beta'}//(0001)_\alpha$，$(010)_{\beta'}//(01\bar{1}0)_\alpha$。析出相 β′ 的形貌及对应的选区电子衍射斑点如图 4-13 所示。

图4-13 Mg-4Y-4Sm-0.5Zr 合金 200℃×16h 时效后析出相形貌及对应的选区电子衍射斑点

该合金在不同温度下时效，析出相包括 β′相、β₁ 相和 β 相。①合金在 250℃ 时效 48h，晶内析出 β₁ 相。β₁ 相具有面心立方晶体结构（$a=0.74$nm），呈盘状 沿 $\{10\bar{1}0\}$ 惯习面析出。该相两端与 β′相相连，且惯习面相对 β′相转动 30°。②合金 在 300℃ 时效处理 13h，大量平衡相 β 在晶内析出。该平衡相具有面心立方晶体结 构，与镁基体的位向关系为：$[111]_\beta // [1\bar{2}\bar{1}0]_\alpha$，$(\bar{2}20)_\beta // (0001)_\alpha$。该相的惯习面 与 β₁ 相相同，形貌也与 β₁ 相相似，是由 β₁ 相原位转变而来。

Roklhlin 等对 Mg-5.5Gd-(0～6)Sm 镁合金进行时效，随着 Sm 含量的增加时 效硬化作用增强，当加热保温时间较短时存在最大硬度值；含 Sm 镁基过饱和固 溶体的形成以及富 Sm 相的分解，均使 Sm 提高了室温和高温下的拉伸性能。

章桢彦等[40] 的研究结果表明，铸态 Mg-Gd-Sm-Zr 合金主要由 α-Mg 固溶体 和 β-Mg₅(Sm，Gd) 型共晶化合物构成。在固溶时初生共晶相几乎完全溶解到基 体中，晶粒有所长大，晶内出现团簇状含 Zr 化合物，在晶界上出现富 RE 块状相 （fcc 结构，$a=0.5502$nm）。Mg-10Gd-4Sm-0.4Zr 合金经固溶后在 225℃ 时效，能 取得最高的力学性能。

4.2.2.5 含 LPSO 相的高强镁合金

王敬丰等成功开发了 Mg-8.40Gd-5.30Y-1.65Zn-0.59Mn 合金，时效后合金 的抗拉强度可以达到 500 MPa，伸长率约为 10%，在降低稀土元素含量的情况 下，仍然表现出较高的综合力学性能。Xu 等研究含有 LPSO 相的挤压态 Mg-8.2Gd-3.8Y-1Zn-0.4Zr 合金，其抗拉强度和屈服强度分别为 447 MPa 和 393 MPa，具有较好的塑性，延伸率为 16%。

王还研究了"轧制＋固溶＋轧制"工艺对 Mg-9.23Gd-3.29Y-1.24Zn-0.87Mn

合金中 LPSO 相及其组织性能的影响[41]。合金铸态和均匀化退火态组织如图 4-14 所示。铸态合金中存在枝晶，晶粒形貌不规则，大小不均匀。在进行固溶退火处理后晶粒尺寸显著长大，且呈等轴状。铸态合金中有白亮色和灰亮色两种衬度的第二相，呈网状分布在晶界处；固溶退火处理后，合金中主要有一种灰亮色衬度的第二相，其中一部分以粗大的块状形式分布于晶界处，另一部分以细密的层状形式分布于晶粒中，每个晶粒中层状相的取向是一致的。XRD 测试分析的结果，铸态合金中第二相主要为 Mg-Zn-Y LPSO 相和 Mg-Gd-Zn LPSO 相，还有共晶相（Mg，Zn)₃(Gd，Y）；结合 EDS 测试结果显示，铸态合金中白亮相为共晶相，灰亮相为 LPSO 相。固溶退火处理后，共晶相对应的衍射峰消失，第二相主要为 LPSO 相，说明固溶退火后，无论晶界处块状相还是晶粒内层状相均为 LPSO 相。

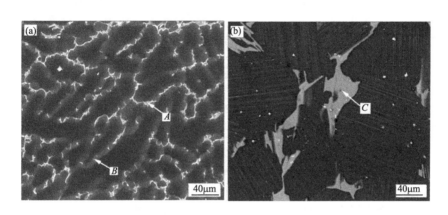

图 4-14　Mg-9.23Gd-3.29Y-1.24Zn-0.87Mn 合金铸态和均匀化退火态组织
（a）铸态组织；（b）固溶态组织

在对合金分别进行"固溶＋轧制"和"轧制＋固溶＋轧制"两种不同的加工后，力学性能测量结果表明，"轧制＋固溶＋轧制"工艺下，合金具有较好的综合力学性能，抗拉强度为 347MPa，伸长率为 11.6％，其强度比"固溶＋轧制"工艺稍低一点，但其断后伸长率却由 6.6％提高到 11.6％。对比来看，经"轧制＋固溶＋轧制"工艺处理后，合金不易开裂，容易进行更大压下量的轧制变形。另外，"轧制＋固溶＋轧制"处理后，合金中 LPSO 相尺寸较小，分布更均匀，使 LPSO 相的强化效果更显著。

两种工艺加工后的合金金相组织如图 4-15 所示。与固溶退火态合金相比，轧制后再固溶的合金中大部分层状 LPSO 相逐渐趋于与轧制方向平行，其 LPSO 相的尺寸较小，分布较均匀，有利于析出尺寸较小且分布弥散的块状 LPSO 相。轧制后再固溶的合金中不存在变形晶粒组织，位错密度较低，加工硬化效应较弱；加之晶粒组织主要为等轴状晶粒，LPSO 相尺寸较小、分布弥散，拉伸变形时合金变形更容易协调，因此其塑性较高。而铸态固溶后的合金，存在大量层状 LP-SO 组织，它阻碍位错运动能力较强，在拉伸变形时，层状组织间的变形不易协调，粗大的块状 LPSO 相区域也容易产生应力集中，显微裂纹容易萌生和扩展，致使其塑性很差。

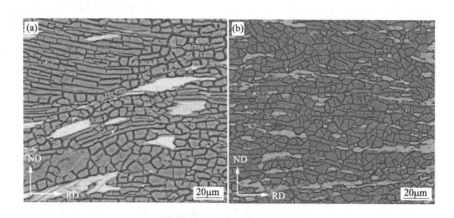

图 4-15　Mg-9.23Gd-3.29Y-1.24Zn-0.87Mn 合金轧制态组织
（a）"固溶＋轧制"工艺；（b）"轧制＋固溶＋轧制"工艺

　　高岩[42] 对比研究了 T6 态下 Mg-10Y-5Gd-2Zn-0.5Zr 合金和商用 WE54 耐热镁合金的抗蠕变性能，发现在相同蠕变条件下，含有 LPSO 相的合金具有更优的抗蠕变性能，稳态蠕变速率比 WE54 合金低约 1 个数量级。

　　在压缩应力和温度耦合作用下，LPSO 相促进再结晶导致的晶粒细化可能是合金强度提高的主要因素。Yu 等测试发现，Mg-11Gd-4.5Y-1Nd-1.5Zn-0.5Zr 合金在 25 ℃、175 ℃、200 ℃和 250 ℃下的压缩屈服强度分别为 363MPa、322MPa、301MPa 和 285MPa，抗压强度分别为 540MPa、471MPa、466MPa 和 469 MPa。Yu 认同 LPSO 相具有短纤维增强机制。棒状的 LPSO 相沿挤压方向分布，其基面平行于挤压方向，由于基面滑移是 LPSO 相的主要滑移系，当压缩荷载作用于挤压方向时，LPSO 相的 Schmid 因子可以忽略不计，基面滑移得到有效抑制。由于其他滑移系的启动需要更大的应力，且 LPSO 相本身又具有较高的屈服强度，因而 LPSO 相可以提高合金的高温压缩强度。

4.3
含稀土耐热镁合金及其应用

　　镁合金作为轻质结构材料，首先在航空航天、军工等领域得到应用，工业界及材料研究者对提高镁合金耐热性能进行了大量的研究。镁合金中生成的高熔点高硬度的稀土合金相，对提高耐热性能十分有效。

4.3.1 稀土耐热镁合金的合金相

（1）耐热镁合金的发展过程

合金化是提高镁合金高温性能的重要方法，常用的合金化元素有 RE、Si、Ca、Sb、Sr、Bi 等，其中 RE 的强化作用显著。

高强耐热镁合金发展历程见图 4-16。Mg-Al-Zn 系和 Mg-Al-Mn 系的耐热温度小于 120℃；Mg-Al-Si 系的耐热温度小于 150℃；Mg-RE-Zn-Zr 系的耐热温度达到 160℃；Mg-Al-RE 系的耐热温度小于 175℃；Mg-Y-RE 系的耐热温度达到 250～300℃；Mg-Th-Zn-Zr 系的耐热温度达到 340℃。21 世纪开发了 Mg-Gd-RE 系和含 Sc 的镁合金，其耐热温度大于 300℃。

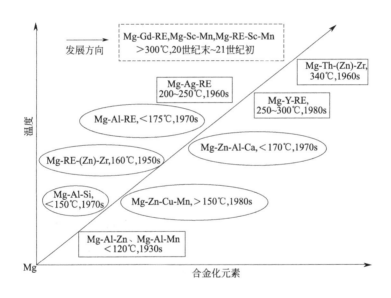

图 4-16 高强耐热镁合金发展历程

20 世纪末，成本较低的 Mg-2.5RE-0.35Zn-0.3Zr 合金耐热性优于 AE42 合金，应用于汽车零部件。21 世纪开发了 Mg-Gd-RE、Mg-Sc-Mn 和 Mg-RE-Sc-Mn 等镁合金，其耐热温度大于 300℃。Mg-Sm、Mg-Dy、Mg-Ho 等合金系的研究取得了一定的进展。我国稀土镁合金的研究始于 20 世纪 70 年代，在国家镁合金开发计划带动下，促进了稀土镁合金的研究和产业发展。

（2）稀土耐热合金相

1）二元耐热合金相

RE 在镁中的析出相及其熔点如表 4-7 所示。表中显示，镁稀土化合物熔点均在 550℃以上，它们的热稳定性很高。

⊡ 表 4-7　镁合金中常见含稀土析出相及其熔点

合金系	析出相	熔点/℃	合金系	析出相	熔点/℃
Mg-La	$Mg_{17}La_2$	—	Mg-Yb	Mg_2Yb	718
Mg-Ce	$Mg_{12}Ce$	611	Mg-Lu	$Mg_{24}Lu_5$	—
Mg-Pr	$Mg_{12}Pr$	585	Mg-Y	$Mg_{24}Y_5$	620
Mg-Nd	$Mg_{41}Nd$	560	Mg-Sc	MgSc	—
Mg-Sm	$Mg_{6.2}Sm$	—	Mg-Th	$Mg_{23}Th_6$	772
Mg-Eu	$Mg_{17}Eu_2$	—	Mg-Al-La	$Al_{11}La_3$	1240
Mg-Gd	Mg_5Gd	640	Mg-Al-Ce	$Al_{11}Ce_3$	1235
Mg-Tb	$Mg_{24}Tb_5$	—	Mg-Al-Ce	Al_2Ce	1480
Mg-Dy	$Mg_{24}Dy_5$	610	Mg-Al-Nd	$Al_{11}Nd_3$	1235
Mg-Ho	$Mg_{24}Ho_5$	610	Mg-Al-Nd	Al_2Nd	1460
Mg-Er	$Mg_{24}Er_5$	620	Mg-Al-Y	$Al_{12}Y$	1485
Mg-Tm	$Mg_{24}Tm_5$	645			

2）含稀土 LPSO 相的热稳定性[31]

LPSO 相作为三元相，熔点相对较高（约为 530～550℃），具有良好的热稳定性。根据凝固过程中是否会析出 LPSO 相，可将形成 LPSO 相的三元 Mg-RE-Zn 合金分为两类[43]。第 I 类合金中的稀土元素包括 Y、Dy、Ho、Er 和 Tm 元素，在凝固过程中直接形成 18R LPSO 相，它分布于晶界处。此外，该类合金在高温热处理过程中，18R 相逐渐转变为 14H LPSO 相。第 Ⅱ 类合金中的稀土元素包括 Gd 和 Tb 元素，这类合金在凝固时不含有或较少含有 LPSO 相，而在热处理过程中逐渐在晶内析出层片状的 14H LPSO 相。

关于第 I 类合金中 14H LPSO 相的形成机制，当前主要有两种观点：一种是 18R 相在热处理时逐渐转变成 14H 结构；另一种是 14H 相在 α-Mg 过饱和固溶体中析出。

第一种观点认为，18R 相向 14H 相转变与剪切应变能的降低有关。18R 相单胞中包含三个具有相同方向的-ABCA-型堆垛单元，相对于 α-Mg 基体会产生一定的剪切应变。而 14H 相的单胞中含有两个具有相反方向的-ABCA-型堆垛单元，不会产生剪切应变。因此，18R 相是热力学不稳定的，在热处理过程中逐渐被 14H LPSO 相取代，使剪切应变能降低。Zhu 等利用 HAADF-STEM 技术研究了

Mg-Y-Zn 合金中 18R 向 14H 结构转变的过程，该相变与 18R 结构内部堆垛层错的形成以及 Shockley 不全位错的协调滑移密切相关，并受 RE 和 Zn 元素的扩散速率控制。

第二种观点认为，α-Mg 过饱和固溶体中的溶质原子（RE 和 Zn）可通过向堆垛层错中扩散并有序排列形成 14H 结构。Abe 等认为热加工过程中，外加应力促使 α-Mg 基体中产生大量基面层错以及各种缺陷（位错、晶界、相界等），可为 14H 相提供有利的形核位置。随着高温下充足的溶质原子向层错中扩散，14H LPSO 相逐渐长大至层片状。Liu 等的实验结果与此观点相符合，并提出 14H 层片相沿基面生长属于界面控制长大（台阶形成机制），而沿端面生长属于扩散控制长大。此外，Liu 等研究发现，18R 相是否会转变成 14H 相还与合金中 α-Mg 相的体积分数、合金状态等有关。

合金中 18R LPSO 相的体积分数越高，α-Mg 相的体积分数越小，合金的热稳定性也越高，形成的 14H LPSO 相也越少。

准单相（18R）Mg-Y-Zn 合金在 500 ℃退火 120h 后，合金中 18R 相的体积分数几乎不变，进一步证明其优异的热稳定性。

对于第 II 类合金中 LPSO 结构的转变，研究集中在 Mg-Gd-Zn 合金体系，其 14H LPSO 相的形成机理与 Mg-Y-Zn 合金中 14H LPSO 相的形成机理类似，既可由合金中的共晶化合物转变生成，也可从过饱和固溶体中析出。丁文江等发现，（Mg，Zn）$_3$Gd 相在热处理时会逐渐转变为 14H LPSO 结构。已有的研究结果表明，14H 相从 Mg-Gd-Zn 合金基体中析出可借助堆垛层错（stacking faults，SF）或析出相逐渐形成，其析出序列包括：SSSS（hcp）→β″（DO$_{19}$）→β′（bco）→β$_1$（fcc）→14H、SSSS→SF→14H 和 SSSS→γ″→γ′→14H。

综合两类 Mg-RE-Zn 合金中 14H 相的转变情况及其结构特征，可以确定热处理时 14H 相的析出需满足：①有 SF 形成。这些 SF 可以是已存在的（如 18R 相周围），也可以是热处理时后续形成的（过饱和固溶体中）。②充足的溶质原子。由于热处理温度较高时第二相会逐渐溶解，因而第二相周围更容易促进层片状 14H 相的形核和长大。

4.3.2 含稀土耐热镁合金

4.3.2.1 含稀土耐热镁合金的分类

含稀土耐热镁合金包括以下几个系列。

① Mg-RE-Zr 系，如 EK30、EK31、EK41 等，高熔点的 Mg-RE 合金相提高了合金的高温性能。

② Mg-Zn-RE 系，如 ZE33、ZE41、ZE63 等，在 Mg-RE-Zr 系基础上加入 Zn后，可改善合金的铸造性能，力学性能进一步提高。

③ Mg-Ag-RE 系，如 QE21、QE22、EQ21 等，在 Mg-RE-Zr 系基础上加入

Ag 后，改善了合金的时效硬化效应。

④ Mg-Al-RE 系，如 AE41、AE42 、AE21 等，Al 和 RE 生成了高熔点的 $Al_{11}RE_3$ 相，抑制了低熔点的 $Mg_{17}Al_{12}$ 相的生成，$Al_{11}RE_3$ 相具有很高的热稳定性，可有效钉扎晶界，从而使合金的高温性能提高。

⑤ Mg-Y- RE 系，如 WE33、WE54、WE43，稀土在基体中过饱和，时效后析出高熔点的稀土化合物相。

⑥ 最近几年发展起来的 Mg-HRE（重稀土）系合金，其中以 Mg-Gd 系合金最为热门，重稀土在镁中固溶度大，具有显著的时效硬化特征。

根据稀土元素的含量大小，含稀土耐热镁合金分为如下几类。

① 低稀土耐热镁合金（$RE_{总量}$ < 2.0%）。包括 ZE41、AE41、QE21、ZE10A 等合金，也包括添加少量 Ce、Y 等稀土的 AZ、AS、AM 等合金。

② 中稀土耐热镁合金（2.0% ≤ $RE_{总量}$ < 6.0%）。包括 AE42、AE44、ZE33、ZE63、EQ21、QE22、EK30、EK31、EK41 等多个系列的合金。

③ 高稀土耐热镁合金（$RE_{总量}$ ≥ 6.0%）。包括 WE54、WE43、WE33、Mg-6Sc-1Mn、Mg-15Sc-1Mn、Mg-9Gd-4Y-Zr 等。这些合金可以在 250～300℃ 长期使用。

一般地，随着稀土总含量的增加镁合金的高温性能增加。几种含稀土耐热镁合金的力学性能如表 4-8 所示，高温蠕变性能如表 4-9 所示[44]。对比分析可以看出，WE54 和 WE43 合金的高温力学性能和抗蠕变性能最为突出。

▣ 表 4-8　含稀土耐热镁合金的力学性能

合金牌号	温度 / ℃	抗拉强度 σ_b/MPa	屈服强度 $\sigma_{0.2}$/MPa	伸长率 δ / %
AE42	RT	226	139	11
	121	177	118	23
	177	135	106	28
ACM522 （MgAlCaRE）	RT	200	158	4
	150	175	138	7
	175	152	132	9
MEZ	RT		97	3
	150		78	8
	175		73	5
MIR153 （MgAlCaRESr）	RT	197	157	2.2
	125	170	134	3.1
	175	139	113	3.4
ZE41	RT	205	140	3.5
	150	167		
	315	77		

合金牌号	温度/℃	抗拉强度 σ_b/MPa	屈服强度 $\sigma_{0.2}$/MPa	伸长率 δ / %
EZ33	RT	160	112	2
	150	145		
	315	83		
QE22	RT	260	195	3
	150	208		
	250	162		
	315	80		
WE54	RT	280	172	2
	150	255		
	250	234		
	315	184		
WE43	RT	265	186	2
	150	252	175	
	250	220	160	
	300	160	125	

注：RT—室温。

⊡ 表 4-9　含稀土高强耐热镁合金的高温蠕变性能

合金	蠕变强度/MPa		弹性模量/GPa	
	205℃	315℃	205℃	315℃
E233-T5	38	6.9	40	38
ZE41-T5	31		41	24
HK31-T6	64	14	40	39
H232-T5	52	22	40	39
QE22-T6	55		37	31
WE54-T6	132		41	36
WE43-T6	96		39	37

4.3.2.2　含稀土的 Mg-Al 系和 Mg-Zn 系耐热镁合金

（1）含稀土的 Mg-Al 系耐热镁合金

在高温条件下强化相的稳定性是影响合金耐热性能的关键因素。Mg-Al 系合金的主要强化相为 β-$Mg_{17}Al_{12}$ 相，其熔点为 437℃，当温度超过 120℃ 时，β-$Mg_{17}Al_{12}$ 相开始软化，在应力的作用下晶界发生滑移并使晶粒转动，使合金的持久强度和蠕变性能有所升高。添加稀土元素后，形成高熔点、热稳定性优异的 Al-RE 相，高温下该相能阻止晶粒的长大和晶界滑移，起到强化晶界的作用。

少量的富 Y 混合稀土可使 AZ91 镁合金的抗拉强度和伸长率明显提高，同时稀土的添加使 AZ91 镁合金的抗蠕变性能大大提高。AZ91＋xY 合金在 150℃、50MPa 下的蠕变性能如图 4-17 所示，富 Y 稀土的添加使合金蠕变抗力提高，蠕变速率降低[45]。

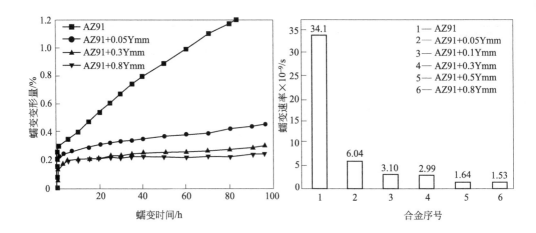

图 4-17 AZ91+ xY 合金在 150℃、50MPa 下的蠕变性能

AE44 压铸镁合金为 Hydro Magnesium 公司开发，合金的主要强化相为 $Al_{11}RE_3$，它的热稳定性比 $Mg_{17}Al_{12}$ 相更高。但在温度高于 150℃ 时，$Al_{11}RE_3$ 相部分分解导致 $Mg_{17}Al_{12}$ 相生成，使合金抗蠕变性能急剧下降。AE44 合金中的稀土为富铈混合稀土，其成分为：52%～55% Ce，23%～25% La，16%～20% Nd，5%～6% Pr。据研究 $Al_{11}RE_3$ 相的热稳定性与其中的稀土种类密切相关。

采用 CASTEP 程序进行计算，使用超软赝势、交换关联函数，采用 GGA 方法的 PBE 函数，容忍因子达到 10^5 eV/atom 时认为自洽场收敛。按照 $A_{11}RE_3 \rightarrow 3Al_2RE + 5Al$ 对 $Al_{11}La_3$、$Al_{11}Ce_3$、$Al_{11}Pr_3$、$Al_{11}Nd_3$ 的分解能进行理论计算，结果表明，$Al_{11}La_3$ 的分解能最高，即热稳定性最好，以下依次是 $Al_{11}Pr_3$、$Al_{11}Ce_3$、$Al_{11}Nd_3$。

AE44 合金中 $Al_{11}RE_3$ 相不够稳定与其中含有较多的 Nd 有关。因此开发的 AlCeLa44 镁合金中只有铈和镧两种稀土，其强化相为 $Al_{11}(Ce/La)_3$，具有更高的热稳定性。

AE44 和 AlCeLa44 合金的室温和高温力学性能见表 4-10，200℃、70MPa 下的蠕变曲线和蠕变性能见图 4-18 及表 4-11。图 4-18 中显示 AlCeLa44 合金的耐热性能优于 AE44。

▣ **表 4-10　AE44 和 AlCeLa44 合金的室温和高温力学性能**

T/℃	AE44			AlCeLa44		
	抗拉强度/MPa	屈服强度/MPa	ε /%	抗拉强度/MPa	屈服强度/MPa	ε /%
RT	247	140	11	270	160	14
120	172	126	22	178	137	27
150	145	110	25	147	120	31
175	123	107	26	132	110	27
200	115	105	23	120	107	26

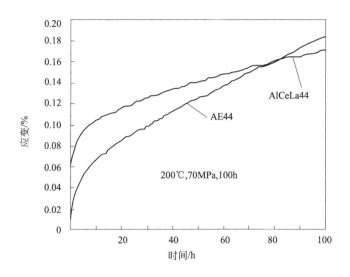

图 4-18　200℃、70MPa 下 AE44 合金和 AlCeLa44 合金的蠕变曲线

⊡ 表 4-11　200℃、70MPa 下 AE44 合金和 AlCeLa44 合金的高温蠕变性能

合金牌号	持久寿命/h	100h 伸长率/%	最小蠕变速率 / s^{-1}
AlCeLa44	>100	0.17	$1.82×10^{-9}$
AE44	>100	0.18	$3.42×10^{-9}$

　　AlCeLa44 镁合金的力学性能不低于 AE44，耐热性能优于 AE44，可以用作 AE44 的代替材料。2009 年铈镧金属价格为 36000 元/t，富铈稀土（含镧铈镨钕）价格约为 65000 元/t，铈镧稀土比富铈混合稀土具有明显的价格优势。因此，AlCeLa44 耐热镁合金在合金性能、合金成本方面均比 AE44 具有优势。

　　（2）含稀土的 Mg-Zn 耐热镁合金

　　Mg-Zn 系合金时效硬化效果良好，但其铸造组织粗大，显微缩孔非常明显，一般添加 Zr 元素来细化晶粒。在 Mg-RE-Zn 系合金中，稀土起细化晶粒、减少热裂倾向、减少疏松、改善铸造性能和焊接性能的作用，例如 EZ33A 合金具有极好的气密性。

4.3.2.3　Mg-RE 耐热镁合金

　　目前 Mg-RE 系合金为最重要的耐热镁合金，它们在 200～300℃下具有良好的抗蠕变性能。合金中三价稀土元素提高了电子浓度，使原子间结合力增大，使原子扩散速度降低，从而能够有效地阻止高温晶界迁移并且减小扩散性蠕变变形。在 Mg-RE 体系合金中，WE 系合金开发最为成功，该合金具有良好的铸造、时效硬化及高温抗蠕变性能，已被广泛应用于航空航天领域中。另外，Mg-Gd 和 Mg-Dy 系合金成为重点研究的合金体系，下面分别对这几个合金体系进行说明。

当稀土 Gd 含量高于 10％时，合金性能迅速提高；当稀土 Dy、Ho 含量高于 15％时，合金性能大幅提升；而 Mg-Er 性能随 Er 含量增加平稳上升。以上这些重稀土都是当含量接近最大平衡度时合金性能最高。Mg-Y、Mg-Dy 合金 T5 处理后性能都优于 T6 处理，特别是热轧 Mg-Y 合金经过 T5 处理后，力学性能显著提高。稀土 Eu 和 Yb 加入镁中，合金的力学性能有所提高，但与 Y、Gd、Dy、Ho、Er 等相比效果较差，特别是高温性能下降很快。对 Mg-Sc 二元挤压合金的研究发现，Sc 的加入对合金的室温性能提高不大，但对合金的高温性能提高显著，当 Sc 含量达到 10％以上时效果显著。

（1） Mg-Gd 系

图 4-19 为 Mg-Gd 二元合金与 WE43、QE22 合金的蠕变性能对比[46]。随着 Gd 含量的增加，合金蠕变速率降低。Mg-Gd 二元合金的抗蠕变性能优于 QE22 合金，Gd 含量为 4％~9％时，合金的抗蠕变性能与 WE43 相当，当 Gd 含量为 15％时，T6 处理的合金蠕变速率降低为 $1.89 \times 10^{-11} \mathrm{s}^{-1}$。因此，Mg-Gd 系合金在高温部件上的开发和应用具有广泛的前景。

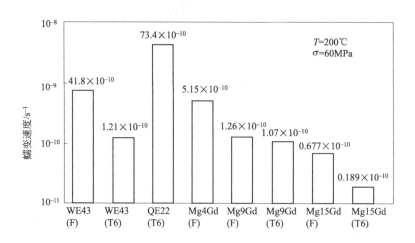

图 4-19 Mg-Gd 二元合金与 WE43、 QE22 合金蠕变性能对比

采用轧制和挤压等方法生产的变形镁合金，合金综合力学性能比铸造镁合金高很多，但在温度高于 250℃时，变形镁合金的力学性能优势大大减小。

（2） Mg-Sc 系耐热镁合金

Mordike 研究组开发了 Mg-Sc 系合金，研究发现，简单的 Mg-Sc 二元合金的抗蠕变性能比 WE43 合金差，在合金中进一步加入 Mn，由于形成 $Mn_{23}Sc_6$ 或 Mn_2Sc 相，从而开发了抗蠕变性能优良的 Mg-Sc-Mn 系合金[47,48]。由于 Sc 成本太高，后来寻求加入一定量的 Ce 降低 Sc 含量。后来又开发了在 Mg-Gd、Mg-Y、Mg-Ce 镁合金中加入少量的 Sc 和 Mn，形成 Mg-Gd-Mn-Sc、Mg-Y-Mn-Sc 和 Mg-Ce-Mn-Sc 等镁合金。图 4-20 为含 Sc 的几种合金与 WE43 力学性能的对比图，从图中可以看出，这些合金中只有高 Sc 含量的 Mg-15Sc-1Mn 合金和高 Gd 含量 Mg-10Gd-0.8Sc-1.5Mn 合金力学性能最好，与 WE43 相当。低稀土含量的 Mg-6Sc-1Mn 和 Mg-3Ce-1Sc-1Mn 力学性能相对较差。

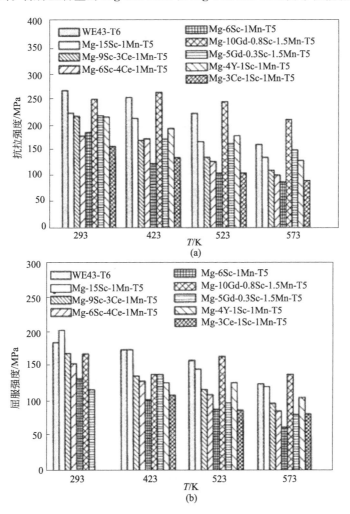

图 4-20 含 Sc 高强耐热镁合金与 WE43 的力学性能对比
（a）温度对抗拉强度的影响；（b）温度对屈服强度的影响

进一步对含 Sc 耐热镁合金的蠕变性能进行研究，Sc 和 In 的加入可明显改善合金的抗蠕变性能，主要原因是在凝固过程中生成了大量的高熔点稳定 $Mg_{12}Sc$ 相，这种针状的化合物能够有效阻止位错滑移。含 Sc 耐热镁合金、WE43 合金和 Mg-Gd 二元合金的蠕变性能相比较列于表 4-12，总体来说相当条件下，含 Sc 耐热镁合金比 WE43 的蠕变性能提高两个数量级，比 Mg-Gd 二元合金蠕变性能提高一个数量级。Sc 含量较高的 Mg-15Sc-1Mn、Mg-6Sc-4Ce-1Mn 和 Mg-9Sc-3Ce-1Mn 合金的蠕变性能最好，比低 Sc 含量的 Mg-10Gd-0.8Sc-1Mn 和 Mg-5Gd-0.3Sc-1Mn 蠕变性能提高近一倍。Mg-3Ce-1Sc-1Mn 合金的蠕变性能与高 Sc 含量合金相当，但从图 4-20 发现，其力学性能较低，因此其适宜用于高温低载荷部件。综合考虑力学性能、蠕变性能和合金成本，Mg-10Gd-0.8Sc-1Mn、Mg-8Gd-0.3Sc-1Mn 等 Mg-RE-Sc-Mn 系合金的综合性能更为优良，适用于 300℃ 高温低载荷等部件。但总的来说，由于 Sc 的价格太高，限制了这些含 Sc 合金的工业应用。

⊡ 表 4-12　耐热合金的蠕变性能（350℃，30MPa）[49, 50]

合金	状态	蠕变速率/s^{-1}	合金	状态	蠕变速率/s^{-1}
Mg-10Gd	T6	$6.18×10^{-8}$	Mg-10Gd-0.8Sc-1Mn		$2.67×10^{-8}$
Mg-15Gd	T6	$4.39×10^{-8}$	Mg-5Gd-0.3Sc-1Mn		$2.49×10^{-8}$
Mg-6Sc-1Mn	T5	$4.27×10^{-8}$	Mg-4Y-1Sc-1Mn		$6.62×10^{-8}$
Mg-15Sc-1Mn	T5	$1.84×10^{-8}$	Mg-3Ce-1Sc-1Mn		$1.54×10^{-8}$
Mg-6Sc-4Ce-1Mn	T5	$1.33×10^{-8}$	WE43	T6	$1.10×10^{-6}$
Mg-9Sc-3Ce-1Mn	T5	$1.70×10^{-8}$			

（3）　WE 系（Mg-Y-RE-Zr 系）耐热镁合金

从成分组成来看，目前研究最多的耐热镁合金是以某种 Mg-RE 合金为基础，添加其他稀土元素，此外再加入少量的 Zr 或 Zn 等元素。Zr 或 Zn 等起细化作用和微合金化作用。在两种以上稀土元素同时加入时，一方面它们影响彼此在镁中的固溶度，另一方面它们在含稀土合金相中也能相互取代，甚至形成新的复杂合金相。正是不同稀土的相互影响和相互作用下，稀土元素的复合添加强化效果较好。

苏联学者早期研究的 Mg-Y- Nd 合金和后来开发的 WE54 和 WE43，都属于两种稀土元素联合加入。目前 WE 系是应用最为广泛的耐热稀土镁合金，它含有 Y 和其他稀土。在镁合金中 Y 具有较大的固溶度，其固溶强化和时效强化效果均好，也能生成 Mg_xY_y 型合金相，它具有阻碍晶界扩散的作用，从而提高合金高温蠕变性能。

吴等研究[51] 发现对 Mg-4Y-2Nd-1Gd 合金进行不同的时效处理后，合金中的第二相种类和形貌随之发生明显变化。在 200℃ 和 225℃ 峰时效后，主要析出相为 $β''$ 相和 $β'$ 相；在 250℃ 峰时效后，主要的析出相为 $β$ 相和 $β_1$ 相。图 4-21 为不同热处理状态 Mg-4Y-2Nd-1Gd 合金的常温拉伸性能。可以看出，第二相的种类和形貌对力学性能和断裂形貌有着重要的影响，试验结果表明高密度均匀分布的 β'' 相和 β' 相是较理想的强化相。

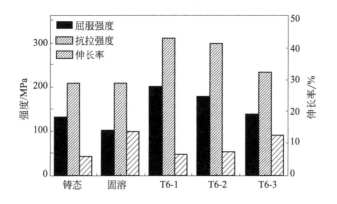

图 4-21 不同热处理态 Mg-4Y-2Nd-1Gd 合金的常温拉伸性能
（T6-1：200℃×36h，T6-2：225℃×16h，T6-3：250℃×12h）

（4） Mg-Gd-RE 系

中科院长春应用化学研究所系统研究了 Mg-Gd 二元合金，研究发现，稀土 Gd 不仅可以细化晶粒，而且可以减小二次枝晶间距。同样发现，当 Gd 的含量不大于 5％时，合金的时效硬化现象不明显；当 Gd 的含量大于 8％时，合金的时效硬化效果增大；当 Gd 的含量约为 20％时具有最高的峰值硬度。该所系统研究了 Mg-8Gd-LRE（LRE：La、Ce 和 Nd）系和 Mg-8Gd-HRE（HRE：Y、Dy、Ho 和 Er）系合金的组织和性能。表 4-13 所示为 Mg-8Gd-RE 合金力学性能。

表 4-13　Mg-8Gd-RE 合金的力学性能

合金	状态	硬度（HV）	抗拉强度 σ/MPa		屈服强度 $\sigma_{0.2}$/MPa		伸长率 δ/%	
			RT	250℃	RT	250℃	RT	250℃
Mg-8Gd-1La	铸态	70	152	108	85	75	6.4	10.5
	T6	80	148	115	89	75	3.4	7.5
Mg-8Gd-1Ce	铸态	71	156	115	90	84	5.9	9.90
	T6	81	170	135	146	90	4.1	7.8
Mg-8Gd-1Nd	铸态	71	201	189	126	98	11.7	16.6
	T6	81	198	183	131	80	8.2	12.4
Mg-8Gd-1Nd	铸态	87	250	210	158	138	7.50	11.3
	T6	103	271	222	205	150	7.8	12.5
Mg-8Gd-3Ho	铸态	73	190	172	128	119	7.3	—
	T6	100	279	191	175	131	4.7	8.3

続表

合金	状态	硬度（HV）	抗拉强度 σ/MPa		屈服强度 σ₀.₂/MPa		伸长率 δ/%	
			RT	250℃	RT	250℃	RT	250℃
Mg-8Gd-3Er	铸态	72	210	169	101	89		
	T6	91	261	203	173	122	5.1	7.5
Mg-7Gd-5Y	铸态	82	204	179	159	124		
	T6	99	258	212	167	140	5.4	8.9
Mg-8Gd-1Dy	铸态	78	210	187	131	116	5.7	7.9
	T6	118	355	230	261	174	3.8	7.4

注：RT—室温。

少量的轻稀土能够降低 Gd 在 Mg 基体中的固溶度，但对提高合金的力学性能和耐热性能所起的作用有限。在所添加的轻稀土中，Nd 的作用效果较好，其次为 Ce、La。重稀土元素 Ho、Er、Y 和 Dy 等在镁中具有很大的固溶度，容易取代基体中的 Gd，从而提高 Gd 的时效硬化作用，利于提高力学性能和耐热性能。其中 Y 和 Dy 的作用效果较好，其次为 Ho、Er 组合添加能改善合金的时效硬化特性，提高合金的力学性能。主要原因归纳如下：①添加其他稀土元素后，能降低 Gd 在镁基体中的固溶度，提高强化相的体积分数，时效析出强化作用效果更加突出，从而提高合金的铸态性能和时效态性能。②添加其他稀土元素后，容易生成高熔点的弥散分布的 $Mg_{24}RE_5$ 和 $Mg_{41}RE_5$ 等复杂化合物相，这种分散的化合物相具有高的熔点，而且能有效阻止位错在晶界附近的滑移，从而提高合金的耐热性能。

Zheng[52] 等对 Mg-6Gd-2Nd-Zr 合金在不同热处理工艺和挤压工艺下进行了研究，发现时效前进行冷变形处理对合金的抗拉强度影响不大，使屈服强度有一定提高，但合金的伸长率有所下降。在 350℃ 挤压和时效处理后合金的力学性能最好，抗拉强度 381MPa，屈服强度 273MPa，伸长率为 17.6%。长春应用化学研究所也采用挤压方法制备了 Mg-8Gd-Y-Nd-Zn 合金[53]，发现合金经过挤压后，强度得到提高，伸长率明显提高，合金的高温热稳定性与铸态相当。上海交通大学对 Mg-10Gd-2Y-Zr 合金的 T6 态和挤压态进行了比较研究，发现挤压后合金的抗拉强度、屈服强度和伸长率都大幅提高，性能提高主要是由于挤压后晶粒细化和晶界强化的作用，但在 250℃ 下合金性能迅速下降，如图 4-22 所示。

Mg-3Gd-3Nd 合金在 250℃ 表现出良好的时效硬化特性，耐热性能明显优于 WE54，其比强度能达到普通耐热铝合金的 2 倍。

Y 能够提高 Mg-Gd 二元合金的时效硬化性能，并使伸长率增大。中南大学对铸态和变形态 Mg-9Gd-4Y 合金的组织性能进行了研究，发现 Mg-9Gd-4Y 合金经 T5 热处理后，在 300℃ 下抗拉强度和屈服强度分别为 260 MPa 和 230MPa，其综合力学性能高于 WE 系列合金。

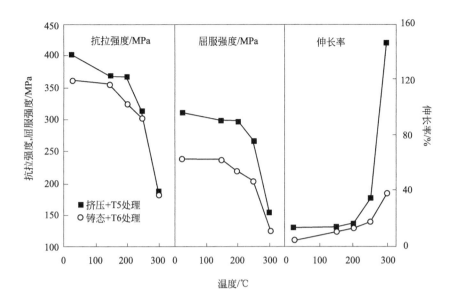

图 4-22　挤压态 Mg-10Gd-2Y-Zr 合金的力学性能

4.3.2.4　具有 LPSO 相的耐热镁合金[31]

图 4-23 汇总了含有 LPSO 相的 Mg-RE 基合金在高温下的拉伸强度变化趋势。图 4-23(a) 中所列合金的状态均为铸造＋T6 处理，由于现有数据的限制，所选取的含有 LPSO 相的镁合金均为多元系合金。从图 4-23 中可以看出，从室温到 300℃，含有 LPSO 相的三种镁合金的抗拉强度均高于 WE54 耐热镁合金。值得注意的是，在 150～250 ℃，Mg-11Y-5Gd-2Zn-0.5Zr 和 Mg-10Y-5Gd-2Zn-0.5Zr 合金出现了反常现象，其抗拉强度随温度的升高而增大。以上结果表明，含有 LPSO 相的铸态合金具有优异的高温抗拉强度。图 4-23(b) 列出了多种含有 LPSO 相的变形态镁合金（加工状态在图中已标注）与挤压＋T5 态 WE54 合金的高温拉伸强度。总体而言，含有 LPSO 相的变形态合金的抗拉强度均高于 WE54 合金，且其拉伸强度随温度升高而下降的幅度较慢，进一步表明 LPSO 相对合金高温抗拉强度有贡献。

当前对稀土镁合金高温抗蠕变性能的研究表明，合金中的 α-Mg 基体、第二相（沉淀相）分布以及 LPSO 相是影响合金抗蠕变性能的主要因素。LPSO 相在高温蠕变过程中能够有效阻碍位错运动，从而提高合金的抗蠕变性能。

表 4-14 列出含有 LPSO 相的 Mg-RE 合金与 WE54 等常规耐热镁合金的高温蠕变性能。

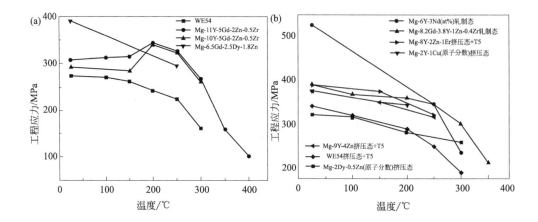

图 4-23　含 LPSO 相 Mg-RE 基合金的高温强度
（a）铸造＋T6 态合金；（b）变形态合金

⊡ **表 4-14　含有 LPSO 相的 Mg-RE 合金的蠕变性能**

合金	热处理状态	蠕变量 ε /%	蠕变速率 $\dot{\varepsilon}$ /mm·s^{-1}
WE54	T6	0.40(120MPa,200℃,100h)	2.67×10^{-9}
		0.63(80MPa,250℃,100h)	1.50×10^{-8}
		2.29(50MPa,300℃,53.36h)	—
Mg-10Y-5Gd-2Zn-0.5Zr	T6	0.33(120MPa,200℃,100h)	1.70×10^{-9}
		0.52(80MPa,250℃,100h)	4.00×10^{-9}
		1.76(50MPa,300℃,100h)	6.60×10^{-9}
Mg-6Gd-1Zn-0.6Zr	T6	0.04(90MPa,175℃,100h)	3.10×10^{-9}
Mg-16Gd-2Zn-0.6Zr	T6	0.04(90MPa,175℃,100h)	2.30×10^{-9}
$Mg_{97}Y_2Zn_1$	T4	0.08(120MPa,200℃,100h)	1.58×10^{-9}
		0.29(80MPa,250℃,100h)	6.65×10^{-9}
		0.29(40MPa,300℃,100h)	6.80×10^{-9}
$Mg_{98}Y_2$	T4	0.09(120MPa,200℃,100h)	2.24×10^{-9}
		0.39(80MPa,250℃,100h)	8.76×10^{-9}
		0.55(40MPa,300℃,100h)	1.69×10^{-9}

　　从表 4-14 中可以看出，在相同的温度和拉应力蠕变条件下，Mg-10Y-5Gd-2Zn-0.5Zr 合金的 100h 高温蠕变变形量（ε）和稳态蠕变速率（$\dot{\varepsilon}$）均明显低于具有相同处理状态（T6）的 WE54 合金。尤其在 300 ℃、50MPa 的蠕变条件下，WE54 合金在 53.36h 后发生断裂，而 LPSO 相增强的 Mg-10Y-5Gd-2Zn-0.5Zr 合金在 100h 蠕变测试中未发生断裂，且稳态蠕变速率低，具有更加优异的高温抗蠕变性能。另外，T6 态的 Mg-Gd-Zn 合金在 175℃、90MPa 蠕变条件下也展现了优异的抗蠕变性能，其 100h 蠕变变形量和稳态蠕变速率均较低[54]。

值得注意的是，$Mg_{97}Y_2Zn_1$ 合金含有 LPSO 结构，$Mg_{98}Y_2$ 合金不含 LPSO 结构。在相同温度和应力蠕变条件下，同样处于固溶态时，$Mg_{97}Y_2Zn_1$ 合金的蠕变量和稳态蠕变速率均显著低于固溶态 $Mg_{98}Y_2$ 合金的，表明 LPSO 相对合金抗蠕变性能具有提高作用。

4.3.3　耐热镁合金的应用

（1）在汽车行业中的应用

当今汽车行业对轻量化、低排放具有更大的要求，镁合金密度低，在汽车行业中应用具有很大的优势。镁合金的机械加工性能优良，减振性能优秀，还具有电磁屏蔽性能。近年来，镁合金零部件在汽车上的应用持续增长，用于汽车零部件的镁量平均每年递增 15％以上。汽车用镁压铸零部件已超过 60 种。例如变速箱、轮毂、汽车仪表板、座位架、引擎盖、方向操纵系统部件等。图 4-24 为一些已得到应用的镁合金汽车零部件。

(a)轮毂

(b)曲轴箱盖

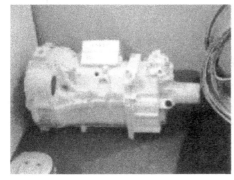

(c)离合器箱体

(d)变速箱

图 4-24　镁合金汽车零部件的实物图

奔驰汽车公司将耐热镁合金用于汽车传动箱、油箱压铸件的生产。本田公司在 AM 镁合金的基础上添加 2.5%Ce 混合稀土以及 2% 的 Ca，开发了 ACM32 镁合金，该合金在 150～200℃ 时的蠕变强度与 A384 相当，用于生产本田发动机油箱。

20 世纪 30 年代开始，德国大众公司使用镁合金制造了汽车曲轴箱、叶片罩、发动机托架和传送箱等零件，与铸铁比单车减重达 50kg，到 80 年代，该公司生产了 38 万吨的镁合金零件。美国通用汽车公司使用 AS41 制作叶片导向器和离合器活塞，使用 AE42 镁合金生产变速箱。

（2）耐热镁合金在航空航天以及军事领域的应用

在航空航天领域，稀土铸造耐热镁合金首先得到应用。以 RE 为主要元素的镁合金具有优良的高温性能，此外还有含有贵金属银或是含有钍的耐热镁合金都得到了应用。在直升机上，耐热镁合金被用来制造主减机匣、压气机机匣、发动机框架、进气道、驾驶舱框架和机轮等；在飞机发动机上，耐热镁合金被用来制造压气机外壳、进气机外壳、轴承支架、齿轮箱、变速箱体和转子引线盖等。

EK30A 合金在 205℃ 下能够满足某些航空航天零件的强度要求和抗蠕变性能要求，在航空发动机上得到应用。ZE41 镁合金的强度高，可应用于 200℃ 以下工作的零件；EZ33 镁合金具有更高的蠕变抗力，最高工作温度可达 250℃，在航空发动机上应用比 EK30A 有优势，正在逐步取代 EK30A；ZE63A 镁合金中 RE 含量较高，而且铸造性能好，在氧化处理和时效后，拉伸性能和疲劳强度都很高，多年来该合金用于制作飞机发动机的推力换向器。

QE22A 镁合金被广泛用于飞机、导弹上。在"固溶处理＋人工时效"状态下，它的室温和高温拉伸性能都很好，在 250℃ 时具有很好的拉伸性能和抗蠕变性能，在 200℃ 下抗蠕变性能与 EZ33A 相当。在小于 200℃ 时，QE 型镁合金的高温抗拉性能和蠕变抗力接近含 Th 镁合金，并且其屈服强度和疲劳抗力相对较好，广泛用于飞机、导弹部件的生产。

ZM3 耐热镁合金是我国研制的含稀土耐热镁合金，主要用于歼 6 飞机上 WP6 发动机的前舱铸件。我国研制的 ZM6 耐热镁合金含有稀土 Nd，可在 250℃ 下长期使用。在热处理后其高温瞬时力学性能和抗蠕变性能良好；在室温下也可作为高强合金使用。ZM6 合金还可代替某些 ZM5 镁合金，从而解决 ZM5 铸件经常出现的显微疏松和力学性能低的问题。我国研制的 ZM2 含稀土耐热镁合金铸造性能好，在 WP7 型发动机的前支承壳体和壳体盖上广泛应用。

（3）耐热镁合金在其他行业中的应用

稀土镁合金还在医学工程、电子产品、通信工程上得到应用，例如用 ZE41A 合金制造摄像机框体、耐热镁合金摩托车油盘、笔记本电脑和手机外壳等。在医学工程上，稀土镁合金用作人工接骨材料代替现用金属夹具，甚至作为骨植入物，由于镁合金在体内可降解，从而避免第二次取出夹具和植入物的手术。

目前，稀土耐热镁合金价格相对较高，虽然在航空军工等领域应用较广，但在民用工业品中应用仍受到成本的制约。而那些不含稀土的耐热镁合金成本相对低一些，但其耐热性能尤其是其抗蠕变性能较差。因此，如何在提高或保持稀土耐热镁合金性能的同时，降低其生产和使用成本，是促进镁合金在民用工业品上应用的实际需求。技术上的解决方案是，一方面降低稀土总含量、使用 Si 或 Ca 等元素与稀土配合，另一方面研究稀土耐热镁合金的生产加工技术，提高加工能力降低加工成本。

参考文献

[1] Mabuchi M，Higashi K. Strengthening mechanisms of Mg-Si alloys [J]. Acta Materialia，1996，44 (11)：4611-4618.

[2] Xu Y L，Zhang K，Li X G，et al. Effects of on-line solution and offline heat treatment on microstructure and hardness of die-castAZ91D alloY [J]. Transactions of Nonferrous Metals Societ Y of China，2012，22 (11)：2652-2656.

[3] 石凯，王日初，解立川，等. 固溶处理对 Mg-6Al-5Pb-1Zn-0.3Mn 阳极组织和性能的影响 [J]. 中南大学学报，2012，43 (10)：3785-3791.

[4] Chen X H，Pan F S，Tang A T，et al. Effects of heat treatment on microstructure and mechanical properties of ZK60 Mg alloY [J]. Transactions of Nonferrous Metals Societ Y of China，2011，21 (4)：755-760.

[5] Singh A，Watanabe M，Kato A，et al. Microstructure and strength of quasicrystal containing extruded Mg-Zn-Y alloys for elevated temperature application [J]. Materials Science and Engineering A，2004，385 (1/2)：382-396.

[6] 周天承，吴为亚，张强. 热处理对 Mg-Zn-Er-Nd-Ca-Zr 合金组织与性能的影响 [J]. 金属热处理，2011，36 (1)：76-79.

[7] 联邦科学及工业研究组织，澳大利亚镁制品经营有限责任公司. 无水氯化镁及其制备方法 [P]. 中国，94194221 [P]，1996.

[8] 清华大学. 一种利用水氯镁石脱水制备无水氯化镁的方法. 中国，200610114323 [P]. 2007.

[9] Smola B，Stulikova I，Buch F von，et al. Structural aspects of high performance Mg alloys design [J]. Materials Science and Engineering A，2002，324 (1-2)：113-117.

[10] 李德辉，董杰，曾小勤，等. 高性能稀土镁合金研究进展 [J]. 材料导报，2005，19 (8)：15~54.

[11] 里遥雄. 少木夕乡厶系睛效析出合金 [J]. 金属，2001，71 (6)：42250.

[12] 国翔译. 镁系时效析出合金的发展 [J]. 金属，2001，71 (6)：23-30.

[13] Rokhlin L L. Magnesium alloys containing rare earth metals [M]. New York：Taylor & Francis，2003，10-100.

[14] Iwasawa S，Negishi Y，Kamado S，et al. Age hardening characteristics and high temperature tensile properties of Mg-Gd and Mg-Dy alloys [J]. J. Japan. Inst. Light Metals，1994，44：3-8.

[15] Vostry P，Smola B，Stulikova I，et al. Microstructure Evolution in Isochronally Heat Treated Mg- Gd Alloys [J]. phys. stat. sol. (a)，1999，175：491-500.

[16] 张修丽，李德辉，刘路. Mg-Y-Nd 合金中的析出相 [J]. 材料导报，2006，20：465-468.

[17] He S M，Zeng X Q，Peng L M，et al. Microstructure and strengthening mechanism of high strength Mg-10Gd-2Y-0.5Zr alloy [J]. Journal of Alloys and Compounds，2007，427：316-323.

[18] Nie J F，Muddle B C. Precipitation in Magnesium Alloys WE54 during Isothermal Ageing at 250℃ [J]. Scripta Materialia. 1999，40（10）：1089-1094.

[19] Nie J F，Muddle B C. Characterisation of Strengthening Precipitate Phases in A Mg-Y-Nd Alloy [J]. Acta mater，2000，48：1691-1703.

[20] Nie Jianfeng. Precipitation and Hardening in Magnesium Alloys [J]. Metallurgical and Materials Transactions，2012，43A：3891.

[21] Antion C，Donnadieu P，Perrard F，et al. Hardening precipitation in a Mg-4Y-3RE alloy [J]. Acta Materialia，2003，51：5335-5348.

[22] He S M，Zeng X Q，Peng L M，et al. Precipitation in a Mg-10Gd-3Y-0.4Zr（含量/%（质量））alloy during isothermal ageing at 250℃ [J]. Journal of Alloys and Compounds 2006，421：309-313.

[23] Zheng K Y，Dong J，Zeng X Q，et al. Precipitation and its effect on the mechanical proper-ties of a cast Mg- Gd- Nd-Zr alloy [J]. Materials Science and Engineering A，2008，489：44-54.

[24] Gao X，He S M，Zeng X Q，et al. Microstructure evolution in a Mg-15Gd-0.5Zr alloy during isother-mal aging at 250℃ [J]. Materials Science and Engineering A，2006，431：322-327.

[25] Honma T，Ohkubo T，Hono K，et al. Chemistry of nanoscaje precipitates in Mg-2.1Gd-0.6Y -0.2Zr alloy investigated by the atom probe technique [J]. Materials Science and Engineering A，2005，395：301-306.

[26] Yamasaki M，Sasaki M，Nishijima M，et al. Formation of 14H long period stacking ordered structure and profuse stacking faults in Mg-Zn-Gd alloys during isothermal aging at high temperature [J]. Acta Materialia，2007，55：6798-6805.

[27] Li J L，Chen R S，Ke W. Microstructure and mechanical properties of Mg-Gd-Y-Zr alloy cast by metal mould and lost foam casting [J]. Transactions of Nonferrous Metals Society of China 2011，21：761-763.

[28] Apps P J，karimzadeh H，King J F，et al. Precipitation reactions in magnesium-rare earth alloys con-taining Yttrium Gadolinium or dysprosium [J]. Scripta Materialia，2003，48：1023-1028.

[29] Li D，Dong J，Zeng X Q，et al. Characterization of precipitate phases in a Mg-Dy-Gd -Nd alloy [J]. Journal of Alloys and Compounds，2007，439：254-257.

[30] 李德辉. Mg-Dy-Nd（Gd）系合金组织与性能研究 [D]. 上海：上海交通大学，2007，10：61-90.

[31] 王策，马爱斌，刘欢，等. LPSO 相增强镁稀土合金耐热性能研究进展 [J]. 材料导报，2019，33（19）：3298-3305.

[32] Yoshihito Kawamura，Michiaki Yamasaki. Formation and Mechanical Properties of Mg97Zn1RE2 Al-loys with Long-PeriodStacking Ordered Structure [J]. Materials Transactions，2007，48：2986-2989.

[33] 吕文泉，王锦程，杨跃双，李俊杰. 高强镁合金的研究现状及发展趋势 [J]. 材料导报，2012，26（05）：105-108 ＋112.

[34] 李杰华，介万奇，杨光昱. 稀土 Gd 对 Mg-Nd-Zn-Zr 镁合金组织和性能的影响 [J]. 稀有金属材料与工程，2008，37（10）：1751.

[35] 王敬丰，高珊，赵亮，等. Effects of Y on mechanical properties and damping capacity of ZK60 magne-sium alloys [J]. Transactions of Nonferrous Metals Society of China，2010，20（S2）：366 -370.

[36] Rokhlin L L. Magnesium alloys containing rare earth metals [M]. New York：Taylor&Francis，2003，10-100.

[37] 唐定骧，刘余九，张洪杰，等. 稀土金属材料 [M]. 北京：冶金工业出版社，2011，8：457-458.

[38] Homma T, Kunito N, Kamado S. Fabrication of extra ordinary high-strength magnesium alloy by hot extrusion [J]. ScriptaMaterialia, 2009, 61: 644-656.

[39] 李大全. Mg-Y-Sm-Zr 系镁合金组织性能研究 [D]. 上海: 上海交通大学, 2008.

[40] 章桢彦. Mg(-Gd)-Sm-Zr 合金的微观组织、力学性能和析出相变研究 [D]. 上海: 上海交通大学, 2009.

[41] 王敬丰, 黄秀洪, 谢飞舟, 等. 轧制工艺对 Mg-Gd-Y-Zn-Mn 合金中 LPSO 相及其组织性能的影响 [J]. 中国有色金属学报, 2016, 26 (08): 1588-1596.

[42] 高岩. Mg-Y-Gd-Zn-Zr 镁合金组织、性能及其蠕变行为研究 [D]. 上海: 上海交通大学, 2009.

[43] Wu Y J, Zeng X Q, Lin D L, et al. Journal of Alloys and Compounds, 2009, 477 (1-2), 193.

[44] 唐定骧, 刘余九, 张洪杰, 等. 稀土金属材料 [M]. 北京: 冶金工业出版社, 2011, 8.436-439.

[45] Zhang J H, Niu X D, Qiu X, et al. Effect of yttrium-rich misch metal on the microstructures, mechanical properties and corrosion behavior of die cast AZ91 alloy [J]. Journal of Alloys and Compounds, 2009, 471 (1/2): 322-370.

[46] Mordike B L. Development of highly creep resistant magnesium alloys [J]. Journal of Materials Processing Technology, 2001, 117: 391-394.

[47] von Buch F, Lietzau J, Mordike B L, et al. Development of Mg-Sc-Mn alloys [J]. Materials Science and Engineering A, 1999, 263: 1~7.

[48] Mordike B L, Stulikova I, Smola B. Mechamsms of Creep Deformation in Mg-Sc-Based Alloys [J]. Metallurgical and Materials Transactions A, 36A (2005): 1729-1736.

[49] Smola B, Stulikova I, von Buch F, et al. Structural aspects of high performance Mg alloys design [J]. Materials Science and Engineering A, 2002, 324 (1-2): 113-117.

[50] 李德辉, 董杰, 曾小勤, 等. 高性能稀土镁合金的研究进展 [J]. 材料导报, 2005, (08): 51-54.

[51] 吴文祥, 靳丽, 董杰, 等. Mg-Gd-Y-Zr 高强耐热镁合金的研究进展 [J]. 中国有色金属学报, 2011, 21 (11): 2709-2718.

[52] Zheng K Y, Dong J, Zeng X Q. Effect of thermo-mechanical treatment on the microstructure and mechanicaj properties of a Mg-6Gd-2Nd-0. 5Zr alloy [J]. Materials Science and Engineering A, 2007, 454-455 : 314-321.

[53] Peng Q M, Wang J L, Wu Y M, et al. Microstructures and Tensile Properties of Mg-8Gd-0. 6Zr-xNd-yY($x + y = 3$, mass%) Alloys [J]. Materials Science and Engineering A, 2006 , 433 : 133-138.

[54] Nie J F, Gao X, Zhu S M. Scripta Materialia, 2005, 53 (9), 1049.

第5章

其他含稀土镁合金及其应用

稀土元素除了应用在耐热和高强镁合金中外，在其他镁合金中也得到了广泛应用。为了满足各不相同的使用要求，不同种类镁合金的成分和组织明显不同，稀土元素在合金中发挥的作用也不相同。本章简要介绍稀土元素在生物镁合金、耐蚀镁合金、阻尼镁合金、阻燃镁合金等合金中的作用及应用。

5.1
含稀土生物镁合金

镁合金的电极电位较低，在医疗领域作为可降解生物材料使用，避免了不可降解材料长期存在于机体内引起的机体反应，也不需要二次手术将其取出，避免二次感染并减少患者的痛苦和医疗费用。在可降解生物材料中，高分子材料强度低，难于应用在受力的情况下。铁合金的力学性能太高，"应力遮挡效应"明显，而且降解速率过慢[1]，植入体内 12 个月后仍基本完整，并且腐蚀不均匀。镁合金的强度比高分子材料高，腐蚀速率比铁合金快得多。与当前临床应用较多的聚乳酸等可降解高分子材料相比，镁合金的塑性、刚度和加工性能都更胜一筹，尤其适合应用于骨科等硬组织的修复与介入治疗。金属镁的密度为 1.74g/cm^3，与人骨的密度（1.75g/cm^3）相当；镁的力学性能与骨的力学性能相匹配，能在骨折愈合过程中为患处提供稳定的强度和刚度，也可防止局部骨质疏松和再骨折的发生，避免骨骼强度降低并避免愈合迟缓的问题[2]。

自 20 世纪始镁合金开始作为医用材料使用。但在使用时，镁合金在人体中的腐蚀速率过快，并且产生大量的氢气，这些问题依然没有得到很好的解决[3]。已经使用过的 Mg-Al 系、Mg-Zn 系、Mg-Ca 系镁合金的服役周期一般低于 12 周，降解过快而导致植入物提前失效，使受伤组织痊愈时间不充分。此外，在生物医学上应用的镁合金同样具有力学性能和成型加工能力不足的问题。

5.1.1　元素毒性及镁合金中元素含量要求

金属镁是人体所必需的元素，在细胞内含量仅次于钾、钠、钙，居于第四位。一个成年人每日需要 300～400mg 镁，镁合金可以在人体体液中完全降解，且其降解产物可以被周围机体组织吸收，通过体液排出体外[4]。镁可以激活或者催化体内 325 种酶，这些酶参与人体的代谢过程和蛋白质合成的过程。人体中的镁大约 53% 存在于骨骼和牙齿中。适量的镁离子可以提高成骨细胞的活性，促进其黏附和增殖，还可提高骨组织中的胶原蛋白 X 和血管内皮生长因子的含量，从而促进骨再生[5]。镁的这些生物活性作用是其作为医学硬组织材料的优点之一。

可降解镁合金中的所有元素在降解后均进入人体，为了避免对人体产生危害，优先考虑各元素对人体的毒性。人体的主要组成元素有：C、H、O、N、Ca、P、S、K、Na、Cl、Mg；人体必需的微量元素有：Fe、Mn、F、Cr、Zn、Mo、Co、Ni、Sr、V、Sn、Cu、I、Se、Si；对人体有毒性的元素有：Cd、Ge、Sn、Sb、Te、Hg、Pb、Ga、In、As、Li；对人体有放射性毒性的元素有：Be、Tl、Th、U、Po、Ra、Sr、Ba[6]。

对人体有毒性的元素尽量不使用，不是人体组成的元素需要验证其生物安全性后使用。人体组成元素符合最适营养浓度定律，如其含量过多时对人体来说也是毒性元素，如图 5-1 所示。出于对人体安全考虑，生物镁合金所包含元素的含量应该小于图 5-1 所示的中毒量。

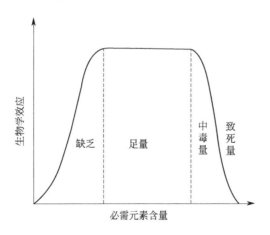

图 5-1　人体中元素最适营养浓度示意图

生物镁合金中常见合金化元素在人体中的含量、作用及其在合金中的允许添加量如表 5-1 所示。

⊡ 表 5-1　合金元素加入对镁合金生物相容性的影响

元素	体内含量/g	元素作用以及有无毒性	允许摄入量/(mg/d)	镁合金中添加/%（质量分数）
Ca	1050	人骨的重要组成元素,无毒性	1400.0	<1
Si	18.0	对骨骼与周围组织生长有重要作用,无毒性	120.0	<1
Mg	35.0	辅酶、骨、肌肉,调节钙、钾,无毒性	700.0	不限
Fe	3.5	形成血红蛋白、细胞酶类、储铁蛋白、铁血黄素,无毒性	—	<2
Zn	2.3	Zn 是骨和软骨可选酶的辅助因子之一,无毒性	15.0	<3
Sr	0.2~0.4	骨、牙齿、毛发,在骨、牙齿中参与钙的代谢	—	—
Al	0.14	促进脑发育及神经传导,具有神经毒性,可引发阿尔茨海默病	14.0	—
Mn	0.012	酶的构成元素和激活剂,骨形成重要元素,有毒性	3.5	<2
Li	<0.004	调节钾代谢、保护心肌,有毒性	0.2~0.6	—
Cu	0.072	30 种以上蛋白质(酶)中含铜	3.0	<0.6
Zr	—	存在于细胞内,酶的主要组分,无毒性	3.5	—
Sn	0.03	红细胞、肝、肾、脑,促进机体蛋白质、核酸的合成	40.0	—
Cd	0.050	置换锌并使酶丧失活性,有毒性	0.02	—

镁合金常见元素中 Mg、Ca、Zn、Mn 为人体必需元素,无毒性,可作为生物镁合金的首选成分;Li、Al 对人体均有较大的毒性,只能少量使用;Zr 在镁中属于微量元素,可以使用;Y、Nd、Ce 等稀土元素对人体具有一定的毒性,目前对其适宜用量研究不够。应该引起注意的是,降解后合金元素在人体中是否有残留、是否导致其他问题,均需要重点考虑和试验。

根据植入人体的镁合金中所含合金元素的质量,再按降解时间折算出平均每日的降解量,为保证生物安全性,日降解量需要低于人体允许的最大安全量。根据此原则来计算合金中允许的元素含量。

合金元素添加到镁合金中,当其溶解到镁基体中时一般可提高镁的耐腐蚀性,但当其以合金相的形式存在于晶界或枝晶臂间时,由于与镁形成原电池,往往使合金的耐腐蚀性降低。

5.1.2　镁合金降解过程

镁是一种非常活泼的金属,其标准电极电位为 −2.37V。在人体生理环境中,镁容易发生如下电化学腐蚀反应[7]

$$Mg(s) + 2H_2O(aq) \longrightarrow Mg(OH)_2(s) + H_2(g) \tag{5-1}$$

$$Mg(s) \longrightarrow Mg^{2+} + 2e^- \ (\text{阳极反应}) \tag{5-2}$$

$$2H_2O + 2e^- \longrightarrow 2OH^-(aq) + H_2(g) \tag{5-3}$$

$$Mg^{2+} + 2OH^- \longrightarrow Mg(OH)_2(s) \tag{5-4}$$

镁合金在体内降解产生氢氧根离子，造成 pH 值升高，使局部呈碱性环境。碱性环境能促进骨形态蛋白的分泌，进而促进骨组织愈合，还能抑制细菌的活性。

镁降解产物中有大量氢气，受骨组织转移氢气能力所限，过多氢气形成有害气腔，影响细胞黏附和增殖，甚至导致组织坏死。随着高纯镁的应用，生物镁合金纯度提高，镁合金在体内的降解速度减小，产生的氢气量大幅度减少，气肿问题基本解决。

在降解局部产生的氢氧化镁具有阻止进一步降解的作用。但在镁合金表面形成的 $Mg(OH)_2$ 膜很薄且多孔，对镁合金基体的保护作用较差，镁合金仍易受到腐蚀[8,9]。

人体体液环境中包含氯离子、有机酸等构成的电解质，还有蛋白质、酶和细胞等，都会对植入物的腐蚀产生影响。在含 Cl^- 溶液中，镁合金极易发生点蚀使腐蚀加速。镁在自腐蚀电位下会产生点蚀，Cl^- 含量越高，镁合金的腐蚀速率越快。在生理环境中，当 Cl^- 浓度大于 30mmol/L 时，$Mg(OH)_2$ 与 Cl^- 发生反应，见式(5-5)，生成具有高溶解度的 $MgCl_2$ 而使腐蚀加速。

$$Mg(OH)_2 + 2Cl^- \longrightarrow MgCl_2 + 2OH^- \tag{5-5}$$

腐蚀后镁合金表面产生的另一种产物为羟基磷灰石，它具有诱导成骨作用，也是骨的重要组成成分。大鼠体内植入镁合金后发现，在合金表面形成了含镁的钙磷酸盐降解层，该降解层周围有新骨形成，认为镁合金的骨传导性和诱导性可能与其表面形成的含镁的钙磷酸盐有关。

镁合金在体内的腐蚀速度受局部 pH 值、血流量、温度等因素的影响。人体正常血液、组织间液、细胞内液的 pH 值分别为 7.15～7.35、7.0 和 6.8。腐蚀性介质的流量越大，腐蚀速率越大；人的生理温度（35.8～37.2℃）对腐蚀的影响相对较小；氢气扩散系数随组织含水量的增加而呈指数增加，组织的局部血流量和含水量也影响腐蚀进程；蛋白质可在合金表面形成富含磷酸钙的腐蚀保护层，使腐蚀速率降低。

5.1.3 提高生物镁合金耐腐蚀性的合金化研究

据 Erinc 等[10] 研究，对可降解骨科植入镁合金的性能要求是：①为保证有效服役期达到 90～180d，在 37℃ 下的 SBF 溶液中的腐蚀速率小于 0.5mm/a。②对于骨板等内固定受力件，屈服强度大于 200MPa，伸长率大于 10%；对于心血管支架材料，要求具有更高的塑性以与中等强度匹配，比如伸长率大于 20%，屈服强度高于 200MPa。

生物镁合金中添加合金元素，主要起如下三个方面作用：①提高合金的强度和塑性等力学性能，如固溶强化、第二相强化、细化晶粒等；②提高合金的耐腐蚀性能，以延长其使用时间，比如提高镁基体电极电位、细化晶粒和合金相等；③提高保护膜的致密度或是修复膜层的局部损坏，促使膜层的保护作用更好，比如钙能使多孔疏松的氧化镁膜变得致密。生物镁合金耐腐蚀性能的合金化研究如表 5-2 所示。

▣ 表 5-2　生物镁合金耐腐蚀性的合金化研究

基础镁合金	添加	添加元素作用及效果	参考文献
Mg-1Zn	Ca	当添加的钙溶解到镁基体中时,合金的耐腐蚀性提高,含 0.25％Ca 的合金耐腐蚀性比较好。过量的 Ca 使 Mg_2Ca 增多,耐腐蚀性变差	贾冬梅等[11]
Mg-2Zn-0.2Mn	Ca	添加 0.4％Ca 的合金显微组织较好,平均晶粒尺寸约为 $100\mu m$,第二相含量适中,耐腐蚀性较好,腐蚀速率为 0.569mm/a	周波等[12]
纯 Mg	Ca	在镁合金中 Ca、Sr 等能提高合金生物相容性。降解后 Ca 元素以羟基磷灰石的形式存在,成为人骨的组成部分,Ca 能够有效地降低镁合金的耐腐蚀速率,并提高抗点蚀能力	Kannan 等[5]
Mg-1Ca	Zn	在 SBF 中电化学腐蚀试验表明:4％Zn 的加入能降低腐蚀速度,并减弱局部腐蚀;随 Zn 含量增加到 6％Zn,8％Zn,合金中 MgZn 和 Mg-Zn_2 数量不断增加,形成的腐蚀微电池使腐蚀速度增加	张永虎等[13]
Mg-2Y-0.4Zr	Zn	Zn 元素使得血管支架晶粒细化,1％的 Zn 元素加入后合金出现 Mg_3YZn_6 相,合金在 SBF 中的耐腐蚀性能最佳。当 Zn 含量提高到 2％以上时出现 $Mg_3Y_2Zn_3$ 相	韩少兵等[14]
Mg-0.5Sr	Zn	锌添加量为 2％和 4％时,合金力学性能和耐蚀性最好	Brar 等[15]
Mg-6Zn	Y	钇与熔体中的杂质和氧化夹杂反应,有效净化熔体从而改善耐蚀性。在 SBF 中腐蚀时,添加 2％Y 使合金表面生成的 ZnO 膜和 Mg(OH)$_2$ 更稳定	余琨等[16]
Mg-2Nd-0.5Zn-0.4Zr	Y	稀土 Y 的添加使合金的析出相由连续分布变为断续状,分布趋于均匀,出现新的片状析出相 $Mg_{24}Y_5$;Y 能使镁合金的耐生物腐蚀性能得到提高。添加 1％Y 时,镁合金腐蚀速度最低为 1.05mm/a,仅为基础合金的 40.81％	程丹丹等[17]
纯 Mg	Sr	Sr 添加量为 0.5％时,合金的耐蚀性最好。Sr 添加量为 1.0％和 1.5％时,第二相析出物数量增加,从而降低合金的耐蚀性	Brar 等[15]
纯 Mg	Sr	Sr 细化晶粒,但使镁合金耐蚀性能降低	Bornapour 等[18]
Mg-0.5Zn-0.4Zr	Gd	当 Gd<5％ 时,随着 Gd 含量的提高,第二相增多,铸态晶粒细化,力学性能和耐蚀性能逐渐提高;当 Gd=5％时,合金的力学性能及耐蚀性最好,抗拉强度为 174.76 MPa,伸长率为 11.25％,平均腐蚀速率为 0.845mm/a	单玉郎等[19]
Mg-4Zn-0.4Zr	Gd	添加 Gd 以后,合金中出现了 Mg_3Gd,晶粒得到了细化,耐腐蚀性能大幅度提高,含 1.0％Gd 的合金耐腐蚀性能最佳	赵兵等[20]
Mg-2Zn	Mn	0.2％Mn 能抑制铁等杂质元素的不良影响,从而提高镁合金的耐蚀性,其表面发生均匀腐蚀	周波等[12]

多向锻造 Mg-Nd-Zn-Zr 生物镁合金的组织及力学性能测试表明：当锻造温度较低且累积变形量较小时，变形过程中形成合理的锻造流线；经过 450℃ 三道次变形后，其伸长率达到 27.1％，抗拉强度达到 221MPa，力学性能较铸态显著提高。

不同镁合金在模拟体液和人体中的降解速度和年平均腐蚀速度如表 5-3 所示和图 5-2 所示。

·表 5-3　不同镁合金在模拟体液和人体中的降解速度[21]

合金	体外腐蚀					体内腐蚀速率 /mg·cm⁻²·a⁻¹
	电化学检测 /μA·cm⁻²			浸入试验 /mg·cm⁻²·h⁻¹		
	Hank's 溶液	SBF	M-SBF	Hank's 溶液	SBF	
Mg（99.95%）	15.98	86.06		0.011	0.038	—
AZ31	31.60	—		0.0065	—	1.17
AZ91	—	—	65.70	0.0028	—	1.38
WE43	30.60	16.03		—	0.085	1.56
ZE41	—	—		0.0626	—	—
LAE442	—	—		—	—	0.39
AZ91Ca	—	—	17.80	—	—	—
AZ61Ca	—	—	36.50	—	—	—
MgMnZn（铸态）	1.45~1.60	—	—	0.003~0.010	—	—
MgMnZn（挤压态）	—	79.17	—	—	0.050	0.92
MgCa（铸态）	—	546.09	—	—	0.136	2.28
MgCa（挤压态）	—	75.65	—	—	0.040	—

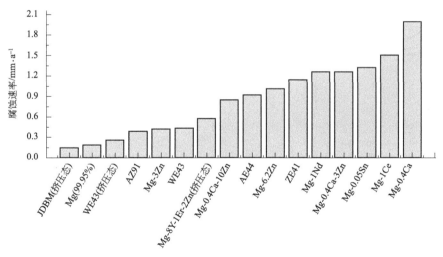

图 5-2 生物镁合金在模拟体液中的年均腐蚀速度[22]

5.1.4　几种含稀土生物镁合金

5.1.4.1　JDBM

JDBM 合金全称为 Jiao Da Bio-Mg，是上交大研制的医用镁合金的简称。科研人员优选具有生物相容性的元素，运用第一性原理与分子动力学模拟方法，在与实验相结合基础上，从原子、分子水平深入探索了镁合金的变形机制，定量评估了添加元素对镁合金的层错能、位错滑移、孪生等变形因素的影响，开发出了生物相容性好、强度和塑韧性好、腐蚀速率较低的高性能医用镁合金。该合金已经分别申请中国专利和国际专利保护。

该合金属于 Mg-Nd-Zn-Zr 系列镁合金，合金中加入少量 Nd 作为低合金化元素。Nd 元素细胞毒性轻微，其时效析出强化和固溶强化效果都较好，并能够大幅度提高基体电极电位，减小基体与第二相的电位差，从而提高耐腐蚀性能。Zn 为人体必需的微量元素，Zn 可以提高合金强度，促进室温下非基面滑移的发生，从而提高塑性加工能力。Zr 为晶粒细化元素，对提高合金的强韧性和耐蚀性有利，Zr 在人体中的生物相容性已经被证实。

（1） JDBM 的显微组织及力学性能[23, 24]

研究开发的 JDBM 系列生物镁合金共分为以下两大类。

① 针对医用骨内植入器械，研究开发了"高强度中等塑性"医用镁合金，简称 JDBM-1。其力学性能为：拉伸屈服强度 $\sigma_{0.2}$＝320～380MPa，伸长率 δ＝8％～18％（取决于变形加工工艺），如图 5-3(a) 所示。

② 针对可降解血管类支架等介入微创医疗器械，研究开发了"高塑性中等强度"医用镁合金，简称 JDBM-2。其力学性能为：拉伸屈服强度 $\sigma_{0.2}$＝180～280MPa，伸长率 δ＝20％～32％（取决于变形加工工艺），如图 5-3(b) 所示。

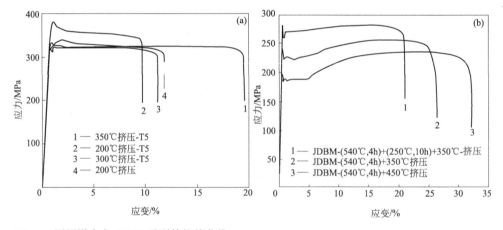

图 5-3 医用镁合金 JDBM 系列的拉伸曲线
（a）骨植入用 JDBM-1 镁合金；（b）血管支架用 JDBM-2 镁合金

图 5-4 所示为 JDBM 系列合金典型的铸态显微组织和挤压变形后的显微组织。可见，该类合金显微组织的特点是铸态和挤压态组织均非常细小，普通金属型铸态组织二次枝晶臂尺寸约为 30～50μm，450℃挤压变形（挤压比 9）后横截面晶粒尺寸约为 3～5 μm，远低于商用镁合金 AZ31、AZ91 等镁合金，它们在同样情

况下晶粒尺寸为铸态 80~100μm 和挤压态 10~20 μm。

JDBM 合金系列强度、塑韧性、耐蚀性能和生物相容性全面超越目前欧洲已进入临床实验用的镁合金 WE43，达到了国际先进水平。

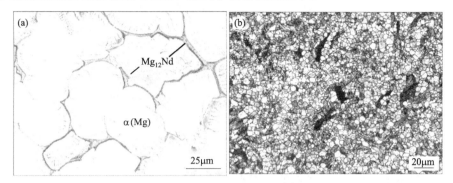

图 5-4 JDBM 系列合金典型的铸态和挤压变形后的显微组织

（a）铸态；（b）挤压态（450℃挤压，挤压比 9）

（2） JDBM 的生物降解性能

在模拟体液（Simulated body fluid, SBF）中，JDBM 的腐蚀速率与高纯镁接近，远低于 AZ91D，耐蚀性比较理想。它在模拟体液中浸泡 10d 后的腐蚀形貌与高纯 Mg 接近，表现为均匀腐蚀，而同样情况下 AZ91D 合金出现了严重的局部腐蚀。

JDBM 合金在模拟体液中具有相当理想的耐蚀性能。张佳等[25] 研究了高纯 Mg、AZ91D 和 JDBM 3 种材料在模拟体液中的生物腐蚀性能，如图 5-5 所示。腐蚀后表面 SEM 像如图 5-6 所示。

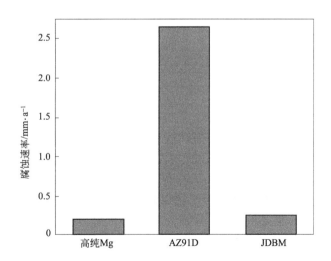

图 5-5 高纯 Mg、 AZ91D（T4）和 JDBM（T4）在模拟体液中的腐蚀速率

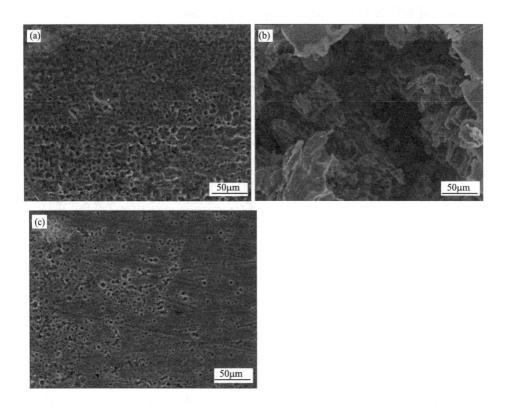

图 5-6 在 SBF 中浸泡 10d 洗去腐蚀产物后表面 SEM 像
(a) 高纯 Mg; (b) AZ91D; (c) JDBM

AZ91D 与 JDBM 在 NaCl 溶液中的腐蚀过程示意图如图 5-7 所示。模拟体液中的起腐蚀作用的主要成分是 NaCl,因此它们的腐蚀原理具有参考价值。

对于 AZ91D 合金,在腐蚀的开始阶段,未腐蚀区域的电位为 -1.52V 左右,而腐蚀区域的电位为 -1.73 V 左右,腐蚀区域的电位低于未腐蚀区域,形成局部微电池。在微电池原理的作用下,腐蚀区域充当阳极,继续遭到腐蚀,导致腐蚀继续往深入方向发展,形成严重的局部腐蚀。而对于 JDBM 合金,在腐蚀的开始阶段,未腐蚀区域的电位在 -1.75V 左右,而腐蚀区域的电位在 -1.72 V 左右,腐蚀区域的电位高于未腐蚀区域,根据电偶腐蚀原理,腐蚀将朝四周方向发展,因此呈现相对均匀的腐蚀方式。实现均匀腐蚀降解对于生物医用镁合金具有至关重要的意义,因为只有实现均匀腐蚀而不是一般商用镁合金的局部腐蚀(点腐蚀),医用镁合金的服役寿命才能预测,才具有临床应用的可靠性。

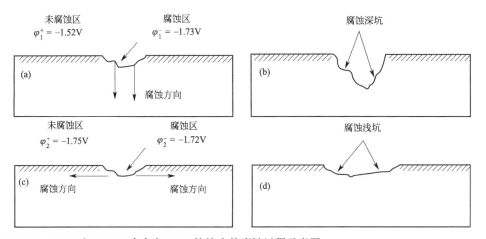

图 5-7 AZ91D 与 JDBM 合金在 NaCl 溶液中的腐蚀过程示意图

（a）AZ91D 腐蚀初期；（b）AZ91D 长时间腐蚀后；（c）JDBM 腐蚀初期；（d）JDBM 长时间腐蚀后

    张佳等[26] 研究了不同挤压温度对 JDBM 生物腐蚀性能的影响。试验的挤压温度分别为 $250℃$、$350℃$ 和 $450℃$。结果表明，固溶态合金在模拟体液中腐蚀速率较高，经挤压后合金耐蚀性能均提高；各种挤压温度中，$250℃$ 挤压的腐蚀速率最低；挤压后再进行时效处理，耐蚀性能进一步提高，如图 5-8 所示。已有研究表明，细化晶粒有利于提高耐腐蚀性能。在 JDBM 镁合金中，$Mg_{12}Nd$ 是耐蚀相，其腐蚀电位比基体 Mg 的腐蚀电位略微正一点，$Mg_{12}Nd$ 因电偶腐蚀带来的副作用相当小，因而细小的晶粒、均匀分布的第二相都起到了阻碍合金腐蚀的作用，从而使挤压态 JDBM 的腐蚀速率降低。

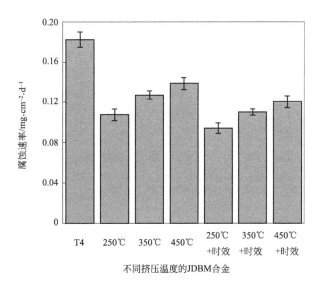

图 5-8 不同状态下 JDBM 合金在模拟体液中浸泡 10 d 的腐蚀速率

JDBM 在模拟体液中浸泡 10d 后表面生成一层致密的腐蚀层，如图 5-9（a）和（c）所示，其主要腐蚀产物为 Mg（OH）$_2$ 和（Ca，Mg）$_3$（PO$_4$）$_2$；在腐蚀层外表面形成白色颗粒状的羟基磷灰石（HA），HA 是人骨的组成部分，HA 在镁合金表面的生成可加速骨组织的愈合。洗去腐蚀产物后在 SEM 下观察到挤压态 JDBM 的腐蚀形貌比 T4 态更加均匀，如图 5-9（b）和图 5-9（d）所示。这种均匀腐蚀方式对可降解生物医用材料非常重要，因为可降解医用内植入材料（如骨固定物、心血管支架等）在服役期间如果发生严重的局部腐蚀，可造成内植入器械突然性过早断裂失效；而均匀腐蚀则可避免上述情况的发生。JDBM 的均匀腐蚀方式与其他生物镁合金相比具有重大优势，有望成为生物医用镁合金的理想选择。

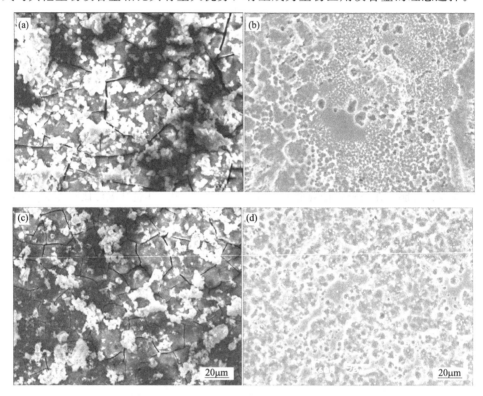

图 5-9 不同状态 JDBM 合金在 SBF 中浸泡 10d 腐蚀产物酸洗前、后的 SEM 像[27]
（a）酸洗前，T4；（b）酸洗后，T4；（c）酸洗前，350℃挤压态；（d）酸洗后，350℃挤压态

（3） JDBM 合金的表面改性

采用脉冲电化学沉积法，宗阳等[27] 在 JDBM 合金表面上制备了具有良好生物活性的 HA 涂层。JDBM 合金电化学沉积后的表面和侧面的 SEM 形貌如图 5-10 所示。从图 5-10（a）可以看到，涂层表面呈花朵团簇状，团簇基本垂直于基体生长，团簇之间交互联结，形成致密的网状结构附着在基体表面，厚度约为 10μm

[见图 5-10（b）]。

　　分别将有、无涂层的 JDBM 合金在 Hank's 溶液中浸泡 8d，采用析氢法测试其腐蚀性能，其结果如图 5-11 所示。在浸泡起始阶段析氢速率较快，但经过一段时间后，析氢量稳定在一个较小的数值，表明 HA 涂层对基体起到很好的保护作用。在局部涂层不够致密的地方，试样在 Hank's 液中自发的矿化，也能生成腐蚀产物进行保护。带有涂层的 JDBM 析氢量明显减少，表面涂层进一步提高了合金耐蚀性能。

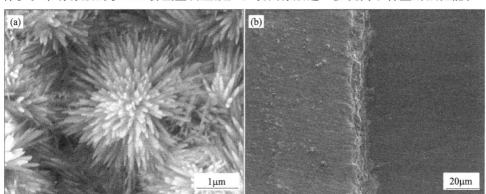

图 5-10　JDBM 合金电化学沉积后的表面（a）和侧面（b）的 SEM 形貌

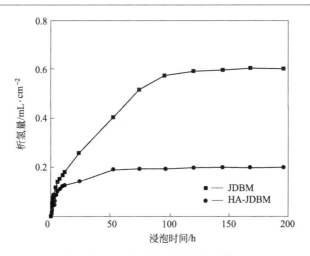

图 5-11　JDBM 和 HA-JDBM 合金在 Hank's 溶液中的析氢曲线

　　采用阳极氧化的方法对合金进行了表面改性。JDBM 试样表面形成了一层具有微孔结构的保护性陶瓷膜层，陶瓷层中主体相为 MgO、Mg_2SiO_4 等镁氧化物和含硅尖晶石型氧化物，该膜层有利于成骨细胞附着、骨组织长入的表面形貌，提高生物相容性，实现金属与陶瓷优点的有机结合。将阳极氧化处理后的 JDBM 合金在模拟体液中浸泡 7d，其 7d 总析氢量不足 $0.1mL/cm^2$，说明阳极氧化很好地改善了 JDBM 合金的腐蚀性能。

研究者还开发了针对骨内植入用的具有生物活性的 Ca-P 涂层技术和针对心血管支架用的氟化处理技术。处理后的 Ca-P 涂层，如图 5-12 所示。

Ca-P 涂层形貌呈细小磷石状晶体，由基体向外生长，与基体结合强度高（结合力大于 10 MPa），这种形貌与骨磷灰石的晶体特征非常相似，从而有利于体内骨质的沉积，具有更好的生物相容性。利用氟化处理技术对 JDBM 合金进行表面处理，结果表明，表面氟化处理能有效提高 JDBM 在人工血浆中的耐蚀性能，并在一定程度上改善其生物相容性。

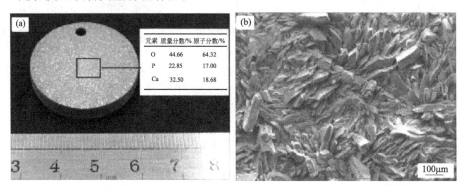

图 5-12 JDBM 合金表面 Ca-P 涂层宏观照片（a）及 SEM 像（b）

（4） JDBM 的生物相容性

① 细胞毒性　MTT 法检测显示，JDBM 镁合金对小鼠 MC3T3-E1 细胞都没有毒性，JDBM 相对于商用镁合金 WE43 和 AZ31 具有更好的细胞相容性。经上海市生物研究测试中心检测，证实该材料的细胞毒性反应为 0～1 级，表明该材料的生物安全性完全满足临床使用要求。

② 溶血率　JDBM 裸金属的溶血率明显低于纯镁和 AZ91D，经 Ca-P 涂层处理后 JDBM 的溶血率大幅度降低，完全满足医学上生物材料溶血率低于 5% 的要求，见表 5-4。

⊡ **表 5-4　溶血率实验结果**

合金	合格标准	合金溶血率/%	结论
Mg	溶血率＜5%	87.3	不合格
AZ91D	溶血率＜5%	72.4	不合格
JDBM	溶血率＜5%	55.2	不合格
Ca-P 涂层 JDBM	溶血率＜5%	0.6	合格

③ 血小板黏附实验　当材料植入机体血管内时，由于组织损伤及白细胞的激活会引发血液中及血管内皮细胞表面、血液中单核细胞表面组织因子活性的升高，从而导致血液中及内皮细胞表面的血小板聚集、血栓的形成。因此，血小板黏附实验是评价材料引发血栓形成的重要手段。将 JDBM-2 镁合金和商用镁合金 AZ91D 及医

用钛合金 Ti-6Al-4V 进行了血小板黏附实验，结果见图 5-13。可见，相对于医用钛合金，镁合金样品表面均具有较好的抗血小板黏附的能力。镁合金表现出的这种优异的抗血小板黏附性能是目前其他传统不可降解医用金属材料无法具备的。这与镁合金降解过程中释放出负电荷有关，因为释放的负电荷会吸附在样品表层，起到对同样带负电荷的血小板的排斥效应，从而表现出如图 5-13 所示的血小板团聚成球附着在样品表面的现象。这预示着镁合金制备成血管支架，将有助于抑制血小板的黏附，进而抑制血栓形成，从而有利于降低支架植入后的血管再狭窄率。

图 5-13 钛合金和镁合金样品的血小板黏附实验结果
(a) Ti6Al4V；(b) AZ91D；(c) JDBM-2

（5） JDBM 合金用于动物体内实验

采用挤压态 JDBM-1 裸金属植入新西兰大白兔体内，并与挤压态 AZ31 合金进行对比，其结果如图 5-14 所示。植入物为直径为 3mm、长度为 7.5mm 的圆柱。可以看出，AZ31 在体内 90d 大部分降解，而 180d 完全消失；而 JDBM 在体

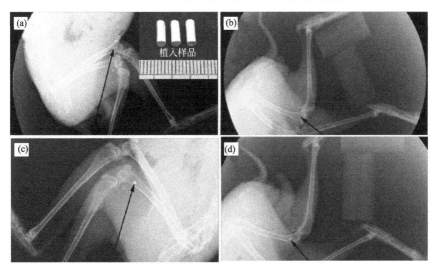

图 5-14 挤压态 AZ31 和 JDBM-1 裸金属在大白兔体内降解的医学影像图
（a） AZ31，90d；（b） AZ31，180d；（c） JDBM-1，90d；（d） JDBM-1，180d

内 90d 基本完好，180d 降解量小于 40％。动物体内实验证实了 JDBM 裸金属具有理想的耐蚀性能，可以在体内有效服役工作 180d 以上。

（6）上海交通大学研制的生物医用镁合金体内植入器械[28]

① 骨内植物器械 "高强度中等塑性"的 JDBM-1 材料经数控精密加工，制备用于治疗指骨骨折修复的骨板和骨钉，如图 5-15(a) 所示。目前正在进行动物体内生物医学评价实验。图 5-15（b）所示为采用 JDBM-1 制备的骨组织工程支架原型，可用以治疗骨质缺损和骨折缩松等。

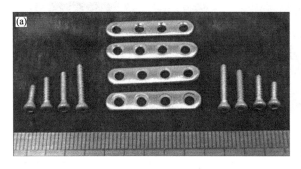

图 5-15　可降解镁合金骨板骨钉（a）和骨组织工程支架原型（b）

② 心血管支架　JDBM-2 镁合金血管支架模型如图 5-16 所示，心血管支架用微管（外径 3.0 mm，壁厚 0.2 mm）采用复合加工工艺制备，然后采用激光切割、酸洗及电化学抛光等手段制备成品。该支架的径向支撑力测试结果显示，其支撑强度是正常人血管最大收缩压的 4 倍以上，可满足心血管支架支撑强度的要求。

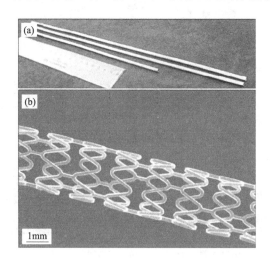

图 5-16　JDBM-2 镁合金血管支架模型

此外，在电化学抛光过程中，对比 AZ31 和 JDBM-2 支架在同种弱酸性抛光液中的抛光效果，在体视显微镜下观察到 AZ31 支架表面有许多小坑点，表明该合金在抛光液中发生点蚀，而 JDBM-2 支架表面光滑，进一步验证了 JDBM 合金腐蚀为均匀腐蚀方式。

5.1.4.2　Mg-2Nd-0.5Zn-0.4Zr＋xY [17]

已有研究表明，在 Mg-Zn-Zr 合金中添加稀土 Nd，在合金的基体和晶界上析出 Mg_{12}（Nd，Zn）相，有效阻碍晶界滑移，提高合金强度；Nd 和 Y 的添加均能改善生物镁合金的耐腐蚀性能与力学性能。

（1）合金的显微组织

合金的 SEM 显微组织和 XRD 分析如图 5-17（a）～（d）所示。Mg-2Nd-0.5Zn-0.4Zr 合金的析出相为 $Mg_{12}Nd$，大多在晶界上呈连续分布，少数在晶内呈颗粒状分布。当 Y 添加量为 1% 时，合金中除 $Mg_{12}Nd$ 外出现新的析出相 $Mg_{24}Y_5$，且合金的晶粒明显细化，析出相呈断续状分布，分布趋于均匀。稀土 Y 的平均分配系数小于 1，合金凝固时 Y 被排挤到固液界面附近，阻止晶粒进一步长大，加之 Y 能导致凝固前沿成分过冷，从而细化了晶粒。

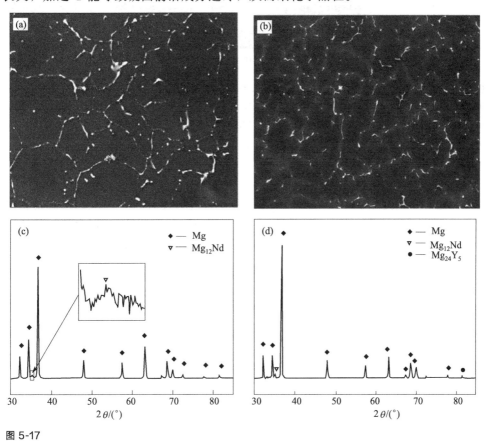

图 5-17

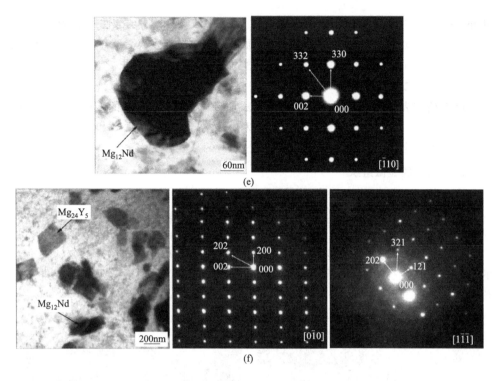

(e)

(f)

图 5-17　Mg-2Nd-0.5Zn-0.4Zr 和 Mg-2Nd-0.5Zn-0.4Zr-1Y 的合金相分析

(a)　Mg-2Nd-0.5Zn-0.4Zr 合金 SEM 像；　(b)　Mg-2Nd-0.5Zn-0.4Zr-1Y 合金 SEM 像；

(c)　Mg-2Nd-0.5Zn-0.4Zr 合金 XRD 谱；　(d)　Mg-2Nd-0.5Zn-0.4Zr-1Y 合金 XRD 谱；

(e)　Mg-2Nd-0.5Zn-0.4Zr 合金 TEM 像及 SEAD 像；

(f)　Mg-2Nd-0.5Zn-0.4Zr-1Y 合金 TEM 像及 SEAD 像

　　为进一步确定合金中的析出相，对两种合金进行透射电镜（TEM）观察和选区电子衍射（SAED）分析，如图 5-17(e)、(f) 所示。图 5-17(e) 中灰白色的镁基体上分布着黑色的片状析出相，经 SAED 标定，析出相与 $Mg_{12}Nd$ 的（002）、（330）、（332）晶面间距有很好的对应关系，属于 $[110]$ 晶带轴。由图 5-17 (f) 可以看出，灰白色的镁基体上除了黑色的片状析出相，还有灰色的片状析出相，经 SAED 标定黑色析出相与 $Mg_{12}Nd$ 的（200）、（002）、（202）晶面间距有很好的对应关系，属于 $[0\bar{1}0]$ 晶带轴；灰色析出相的衍射斑点与 $Mg_{24}Y_5$ 的（121）、（202）、（321）晶面间距有很好的对应关系，属于 $[11\bar{1}]$ 晶带轴。因此，可以判断黑色的析出相为 $Mg_{12}Nd$，而灰色的析出相为 $Mg_{24}Y_5$。

　　（2）　Mg-2Nd-0.5Zn-0.4Zr-1Y 镁合金的生物腐蚀性能

　　Mg-2Nd-0.5Zn-0.4Zr 和 Mg-2Nd-0.5Zn-0.4Zr-1Y 的生物腐蚀性能如表 5-5 所示，极化曲线和交流阻抗如图 5-18 所示。合金在 SBF 中浸泡 120h 后，洗去表面腐蚀产物后的腐蚀表面 SEM 像如图 5-19 所示。

表 5-5 Mg-2Nd-0.5Zn-0.4Zr 和 Mg-2Nd-0.5Zn-0.4Zr-1Y 的生物腐蚀性能

材料	Mg-2Nd-0.5Zn-0.4Zr	Mg-2Nd-0.5Zn-0.4Zr-1Y
组织	$\alpha Mg + Mg_{12}Nd$	$\alpha Mg + Mg_{12}Nd + Mg_{24}Y_5$
腐蚀电位/V	−1.534	−1.408
腐蚀电流/μA	9.055	1.490
析氢量/(mL/cm^2)	6.545	2.550
腐蚀速率/(mm/a)	2.574	1.051

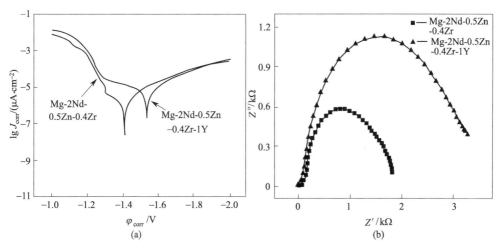

图 5-18 Mg-2Nd-0.5Zn-0.4Zr 和 Mg-2Nd-0.5Zn-0.4Zr-1Y 合金的极化曲线和交流阻抗
（a）极化曲线；（b）交流阻抗

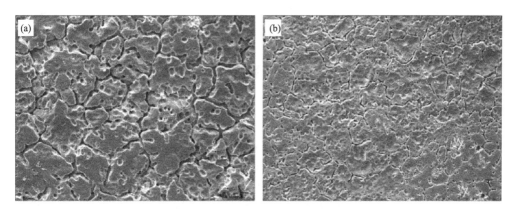

图 5-19 Mg-2Nd-0.5Zn-0.4Zr（a）和 Mg-2Nd-0.5Zn-0.4Zr-1Y
（b）合金在 SBF 中浸泡 120h 的腐蚀表面 SEM 像

两种合金在 SBF 中浸泡 120h 后，由图 5-19 可以看出，两种合金均表现为沿晶腐蚀，且腐蚀比较均匀。而未添加稀土 Y 的合金表面腐蚀较严重，局部有腐蚀孔出现。Y 含量为 1% 的合金晶界腐蚀非常轻，局部腐蚀孔浅，表现出相对较好的耐腐蚀性能。结合合金的组织分析，Mg-2Nd-0.5Zn-0.4Zr 合金的析出相 $Mg_{12}Nd$ 大多连续分布于晶界，其腐蚀电位相对于镁基体较正，因此，析出相 $Mg_{12}Nd$ 作为阴极相与镁基体形成大量的微电池，电偶腐蚀严重。1%Y 的添加使合金的晶粒较细小，且 $Mg_{12}Nd$ 析出相较少并生成了 $Mg_{24}Y_5$，电偶腐蚀较轻。由表 5-5 所示，Mg-2Nd-0.5Zn-0.4Zr-1Y 的腐蚀速率为 1.051mm/a，未添加 Y 的合金腐蚀速率为 2.574mm/a，1%Y 的添加使合金的耐腐蚀性能提高。

两种合金的极化曲线类似，在阳极极化区均存在一个台阶，说明合金在腐蚀过程中发生了钝化。添加 Y 的合金腐蚀电位（φ_{corr}）随着 Y 添加量的增大呈现出先正移后负移的趋势，腐蚀电流密度（J_{corr}）则呈现先减小后增大的趋势。当 Y 含量为 1% 时，φ_{corr} 最正，为 $-1.408V$，电流密度达到最小，为 $1.490\mu A/cm^2$（见表 5-5）。理论上腐蚀电位越正，腐蚀电流密度越小，合金的耐蚀性能越好。高频容抗弧模值的大小能够反映合金在溶液中的反应能力，并且模值越大，反应阻力越大，阳极合金腐蚀越慢。含 1%Y 合金其容抗弧半径大为增加，阻抗很大，因此添加 1%Y 使合金的腐蚀速率减小。

5.2
含稀土耐蚀镁合金

镁合金化学性质活泼很容易遭受腐蚀，耐蚀性差成为镁合金大规模工业应用的障碍之一。提高镁合金耐蚀性的主要手段有：生产高纯镁合金、合金化、表面防护。其中，用稀土对镁合金进行合金化是简便易行、成本较低的方法。

5.2.1 稀土元素提高镁合金耐蚀性的机理

5.2.1.1 镁合金耐蚀性的不足

镁合金在干燥的空气中和在强碱中具有良好的耐蚀性能，但是在潮湿空气、含盐气氛、盐溶液和酸性溶液中都会受到严重的腐蚀。

镁的耐蚀性差与镁的化学和电化学活性有关，Mg 的标准电极电位为 $V=-2.37V$（标准氢电极），为所有金属结构材料中最低的，如表 5-6 所示[29]。在电化学介质中镁对表 5-6 中大多数金属呈阳极，镁合金的基体对第二相或杂质元素也呈阳极，这就不可避免地产生接触腐蚀和微电偶腐蚀[30]。

更不利的是，由纯镁腐蚀产物所形成的表面膜疏松多孔，保护性能很差。镁合金表面形成的氧化膜（MgO）本身就不致密，其PB值小于1，不能形成有效的致密层，如表5-7所示。在溶液中镁合金在较宽的pH值范围内形成$Mg(OH)_2$膜，但它也是一种呈蜂窝状的疏松膜，而且在水中微弱溶解。除了在强碱溶液中较稳定外，Mg（OH）$_2$膜仅能提供微弱的保护作用。

⊡ **表5-6 金属在25℃下水溶液中的标准电极电位**

电极	反应	电位/V
Li, Li$^+$	Li$^+$ + e —→ Li	−3.02
K, K$^+$	K$^+$ + e —→ K	−2.92
Na, Na$^+$	Na$^+$ + e —→ Na	−2.71
Mg, Mg^{2+}	Mg^{2+} + 2e —→ Mg	−2.37
Al, Al^{3+}	Al^{3+} + 3e —→ Al	−1.71
Zn, Zn^{2+}	Zn^2 + 2e —→ Zn	−0.76
Fe, Fe^{2+}	Fe^{2+} + 2e —→ Fe	−0.44
Cd, Cd^{2+}	Cd^{2+} + 2e —→ Cd	−0.40
Ni, Ni^{2+}	Ni^{2+} + 2e —→ Ni	−0.24
Sn, Sn^{2+}	Sn^{2+} + 2e —→ Sn	−0.14
Cu, Cu^{2+}	Cu^{2+} + 2e —→ Cu	+0.34
Ag, Ag$^+$	Ag$^+$ + e —→ Ag	+0.80

⊡ **表5-7 一些金属氧化物的PB近似值[31]**

金属	Mg	Al	Be	La	Ce	Y	Sc
氧化物	MgO	Al$_2$O$_3$	BeO	La$_2$O$_3$	Ce$_2$O$_3$	Y$_2$O$_3$	Sc$_2$O$_3$
PB近似值	0.81	1.28	1.68	1.10	1.16	1.39	1.19

因此，改进镁合金的耐蚀性能已成为必须解决的问题。大量研究表明，含稀土镁合金一般具有良好的耐蚀性能[32~33]。近年来通过多元稀土复合合金化，或者稀土和碱土金属的复合合金化，使镁合金耐蚀性能有所突破。稀土耐蚀合金化是最有效、最有前途的发展方向，具有广泛的应用前景。

5.2.1.2 稀土元素提高镁合金耐蚀性能的机理

稀土元素在提高镁合金耐蚀性能方面有如下作用。

（1）稀土去除杂质元素

稀土元素能和镁合金中的Fe等强阴极性杂质元素形成金属间化合物，"捕捉"杂质元素，形成"沉渣"，从而将杂质元素清除出合金液；或者使杂质元素形成AlFeRE等金属间化合物，从而显著减轻杂质元素的有害作用。稀土元素所发挥的作用与Mn的作用类似。在Mg-Al合金中，RE和Mn组合添加时，它们对合金耐蚀性具有非常好的协同作用。在Mg-9Al-RE合金中添加RE和Mn，能形成含Fe的MgAlMnRE相，有效地抑制了Fe这个强阴极相的危害（见表5-8）[34]。

表 5-8　Mg-9Al-RE 合金中含稀土相的化学组成（质量分数）　　　　　　单位：%

含稀土相	Mg	Al	Mn	La	Ce	Nd	O	Fe
MgAlMnRE 相 1	6.07	34.43	28.32	3.22	11.68	4.03	12.25	0.0
MgAlMnRE 相 2	11.00	32.48	26.32	2.98	10.27	4.29	11.75	0.97

（2）稀土能生成阴极性较弱的含稀土化合物

稀土元素加入 Mg-Al 合金中能减少 β 相（$Mg_{17}Al_{12}$）的形成，并形成更细小分散的粒状、针状或片状的含稀土金属间化合物，这些含稀土化合物阴极性较弱，如 Al_4RE，降低了析出相与镁基体的电位差，即减弱了阴极反应，抑制了析氢过程，使镁合金微电偶腐蚀明显减轻。

图 5-20 给出了 Mg-9Al 和 Mg-9Al-RE 合金在 NaCl 溶液中的动电位极化曲线[35]。图 5-20 表明：Mg-9Al-RE 合金与 Mg-9Al 合金相比，其阴极极化过程受到明显抑制，析氢显著减少，其腐蚀电流比不加 RE 的合金小得多。

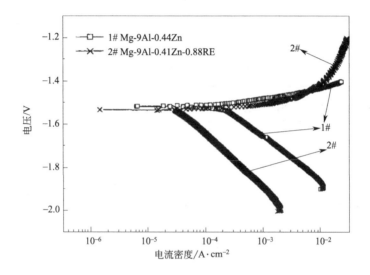

图 5-20　Mg-9Al 和 Mg-9Al-RE 合金在 3.5% NaCl、pH 值 0.5、25℃的溶液中的动电位极化曲线

（3）稀土元素在表面膜中的富集，增强了表面膜的保护性

Lunder 等假设在镁合金表面（特别在氧化膜中）存在稀土元素的微量富集。Nordien 等指出浸在蒸馏水中的 Mg-0.15% RE 合金的表面氧化膜切片中存在 RE 的富集。Kirynu 等对 Mg-Dy-Nd-Zr 合金在 3% NaCl 溶液中浸泡 60min 后的表面膜进行了 XPS 分析，结果表明，在表面膜中 RE 的富集是十分明显的。

在 Mg-Al-RE 合金表面腐蚀产物膜中，不仅存在稀土元素的微量富集，还存在 Al 的富集。这种 RE 和 Al 的富集不仅改进了表面膜的微结构，使膜更为致密，而且促使表面膜 PB 值的增大。氧化镁、氧化铝、氧化镧和氧化锑的 PB 值分别为 0.81、1.28、1.10 和 1.16[36]。因此，稀土元素在镁合金表面的富集，使表面膜更为致密，更具有保护性。

（4）镁氢化物阻碍了镁的溶解

镁在水中能形成镁的氢化物 MgH_2，在一定条件下 MgH_2 能稳定存在。Nakatsugawa 等认为 RE 的存在加速了 MgH_2 的形成，而足够量的 MgH_2 对镁的腐蚀溶解起阻挡层的作用[32,37]。在 $Mg(OH)_2$ 饱和的 5％NaCl 溶液中对 Mg-10Dy-3Nd-Zr 合金腐蚀时，发现合金阳极极化曲线上出现了腐蚀电流明显减小的"拐点"，他认为这是在合金表面形成 MgH_2 所致，他利用弹性反冲鉴别分析法（ERDA）验证了合金表面氢化物层的存在。

稀土元素对提高镁合金耐蚀性能的作用机制是多方面的，有待于进一步研究和完善。

5.2.2　含稀土镁合金的腐蚀行为和耐蚀性能

（1）稀土镁合金的耐蚀性能

稀土元素不仅能改进镁合金的铸造性能和高温蠕变性能，而且能提高耐蚀性能。稀土元素加入镁合金的方式有以纯元素的形式，也有以混合稀土的形式。根据合金组成、铸造过程和晶粒细化机制的不同，稀土镁合金可以分为两大类，即 Mg-RE-Zr 系和 Mg-Al-RE 系。WE 系合金是 Mg-RE-Zr 系的代表，它适用于重力铸造和锻造产品，而 AE 系合金则是 Mg-Al-RE 系的代表，它适合于压铸生产。

各种 Mg-RE 合金在 NaCl 溶液中的腐蚀速率如表 5-9 所示。作为对比，耐蚀性比较好的高纯 Mg-Al 合金也列于表中。从表 5-9 中可知，不论是 Mg-RE-Zr 系还是 Mg-Al-RE 系，含稀土镁合金具有良好的耐蚀性。

▣ 表 5-9　Mg-RE 合金组成和它们在 NaCl 溶液中的腐蚀速率

合金	化学组成/%						腐蚀速率 /mm·a⁻¹
	RE	Mg	Al	Mn	Zn	Zr	
EK31A	3.7(MM①)	余量				0.7	0.5～1.0
EQ21A	2.1(MM①)		1.5(银)				5.1～7.6
EZ33A	3.3(MM①)				2.7	0.6	5.1～7.6
QE22A	2.1(MM①)		2.5(银)			0.7	9.0
WE43A	4.0(Y) 3.3(Nd+HRE)					0.7	0.4
WE54A	5.2(Y) 3.3(Nd+HRE)					0.7	0.3
ZE41A	1.2(MM②)				4.2	0.7	8.9～12.7
ZE63A	2.6(MM②)				5.8	0.7	
Mg-Gd-Nd-Zr	9.9(Gd) 3.0(Nd)					0.3	0.4～1.2

合金	化学组成/%						腐蚀速率
	RE	Mg	Al	Mn	Zn	Zr	/mm·a⁻¹
Mg-Dy-Nd-Zr	9.3(Dy) 3.2(Nd)					0.3	0.3~0.7
AE42	2.0(MM②)		4.0	0.3			0.9~1.8
AE61	1.1(MM②)		6.2	0.01			0.4
AE81	1.2(MM②)		7.9	0.01			0.3
EA55B-RS	5.6(Nd)		5.2		4.8		0.3~0.4
EA65-RS	5.5(Y)		5.2		4.8		0.3
AZ91D			9.0	0.1	0.7		0.3~0.6
AM60B			6.0	0.1			1.3~2.0

① 表示富 Nd。

② 表示富 Ce。

注：MM 表示混合稀土；HRE 表示重稀土元素，主要为 Y、Er、Dy、Gd。

AZ91D 镁合金杂质含量很低，其杂质限量为：Fe<0.005%，Ni<0.002%，Cu<0.030%，因此它具有良好的耐蚀性，在 NaCl 溶液中的腐蚀速率为 0.3~0.6mm/a。AM60B 杂质限量为：Fe<0.005%，Ni<0.002%，Cu<0.010%。它在 NaCl 溶液中的腐蚀速率达 1.3~2.0mm/a。含稀土的 WE54A ［Mg-5Y-3.3(Nd+HRE)］和 AE81（Mg-8Al-1RE）等合金的年腐蚀速率为 0.3mm/a，此两种含稀土镁合金的耐蚀性能好于高纯的镁铝合金。

（2）稀土元素对 Mg-Al-RE 系合金腐蚀性能的影响

不同 RE 对 Mg-9Al 合金在 NaCl 溶液中的腐蚀速率的影响如表 5-10。从中可知，1% 的稀土元素均能使合金的腐蚀速率大幅度降低，腐蚀速率由不添加稀土的 777.08 g·(m²·d)⁻¹ 降低到 22 g·(m²·d)⁻¹ 以下，稀土改进合金耐蚀性能的效果十分明显。

▫ **表 5-10　RE 对 Mg-9Al 合金在 NaCl 溶液中的腐蚀速率的影响**

合金名义成分	腐蚀速率/g·(m²·d)⁻¹
Mg-9Al	777.08
Mg-9Al-1.0Ce	21.84
Mg-9Al-1.0Nd	18.29
Mg-9Al-1.0Ymm	15.94
Mg-9Al-1.0LPC	9.58

显然，稀土镁合金的耐蚀性与稀土种类和其加入量有关，几种元素对镁合金耐蚀性的影响如表 5-9、图 5-21~图 5-23 所示[38,39]。从图中可知 La、Y 和 MM 对提高镁合金耐蚀性的作用较为显著，它们合适的加入量通常为 0.3%~0.7%。

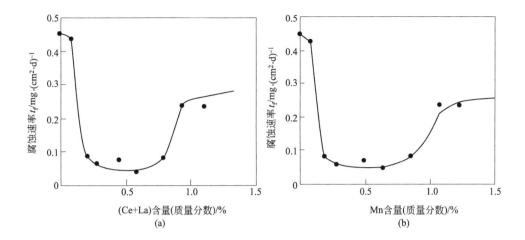

图 5-21 RE（Ce+ La）加入量对 Mg-6Al-0.3Mn 合金在 5% NaCl 溶液中腐蚀速率的影响

（a） Mg-6Al-0.3Mn-x（Ce+ La）合金；（b） Mg-6Al-0.3Mn-xMn 合金

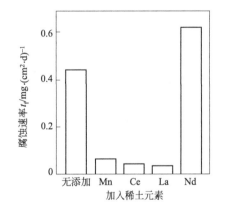

图 5-22 加入 0.5% 不同稀土元素对 Mg-6Al-0.3Mn 镁合金在 5% NaCl 溶液中腐蚀速率的影响

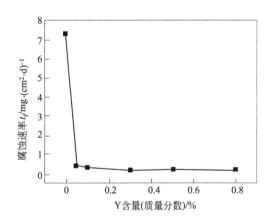

图 5-23 富 Y 混合稀土对 Mg-9Al 镁合金腐蚀速率的影响[40]

（在 5% NaCl 盐雾，35℃，5d 的腐蚀失重速率）

（3）稀土元素对 Mg-RE-Zr 系合金腐蚀性能的影响

Mg-RE-Zr 系镁合金中稀土含量较大，其耐蚀性较好。WE54A 合金在 NaCl 溶液中的腐蚀速率仅为 0.3 mm/a，而且 WE54 合金的点蚀深度比其他镁合金小。

研究开发的含 Gd 或 Dy 的 Mg-RE 合金、Mg-Nd-Zr 合金和 EK31 合金，这些含有较多稀土元素的合金，在高温下它们的力学性能比 WE54 更高，其耐蚀性和 WE54 合金接近。

5.2.3 高耐蚀含稀土镁合金的发展

近年来，国内外开发了一些具有高耐蚀性的稀土镁合金，它们的耐蚀性比 AZ91D 镁合金有数量级的提高，在盐雾试验中腐蚀速率小于 $0.1mg/(cm^2 \cdot d)$。这类镁合金的成分特点为：在 Mg-Al 合金中加入了多元稀土元素，或同时加入稀土元素和碱土元素。

日本专利 Mg-RE-Ca-Sr 合金其成分范围是：Al 15％～7％，Ca 2％～4％，Mn 0.1％～0.8％，Sr 0.001％～0.05％，RE 0.1％～0.6％，余量为 Mg。在 100h 盐雾试验中该合金腐蚀速率为 $0.1mg/(cm^2 \cdot d)$。

中国专利 Mg-Al-La-Ce 合金[41]，其成分范围是：Al 1.0％～8.0％，Mn 0.1％～1.5％，Ce 或 La 0.1％～0.9％，余量为 Mg。该合金在 5％ NaCl 溶液中的腐蚀速率小于 $0.1mg/(cm^2 \cdot d)$。其实施例合金，成分为 Al 5.39％，Ce 0.33％，La 0.37％，Zn 0.49％，Mn 0.26％，Fe 0.001％，余量为 Mg，该实施例合金的腐蚀速率仅为 $0.018mg/(cm^2 \cdot d)$，而对比的不含稀土的 Mg-6Al-0.3Mn 合金其腐蚀速率却为 $0.45mg/(cm^2 \cdot d)$。中国专利高耐蚀铸造镁铝合金[42]，其成分范围是：Al 7.5％～10.5％，Mn 0.2％～1.0％，La 0.1％～0.8％，Ce 0.1％～0.8％，Pr 0.05％～0.3％，Y 0.1％～0.8％，Zn 0.1％～0.5％，Sr 0.2％～1.5％，余量为 Mg，该合金 100 h 盐雾试验的腐蚀小于 $0.01mg/(cm^2 \cdot d)$，而对比合金 AZ91D 在同样条件下的腐蚀率大于 $10mg/(cm^2 \cdot d)$。

稀土元素和碱土金属或多元稀土元素的组合，它们之间的协同作用增强了合金的钝化和表面膜的保护性。

钮洁欣等[43]系统研究了稀土元素和碱土金属 Sr 对 AZ91D 合金的显微结构和耐蚀性能的影响，研究了合金在 NaCl 溶液中的腐蚀行为和表面腐蚀产物膜，认为稀土元素和碱土金属 Sr 的复合添加对提高镁合金的耐蚀性有以下有益作用。

（1）增强合金的钝化能力，显著降低合金的腐蚀速率

图 5-24 为含有稀土元素和 Sr 的 AZ91D 合金在 NaCl 溶液中的极化曲线。在 NaCl 溶液中，用稀土和 Sr 合金化的 AZ91 合金（AZRS0.5 合金）的阳极出现了一定程度的钝化区域，而 AZ91D 合金则没有类似的钝化区域，并且 AZRS0.5 合金的腐蚀电流密度显著低于其他三种合金，如表 5-11 所示。

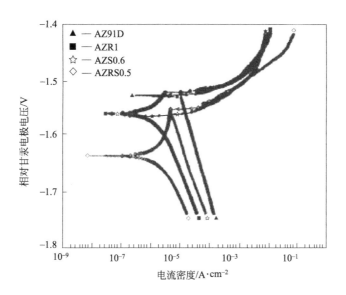

图 5-24　四种合金在 3.5%、 pH= 10.5、 25℃NaCl 溶液中的极化曲线

表 5-11 为用稀土和 Sr 合金化的四种合金在 3.5% NaCl 溶液中（pH=10.5，25℃）的自腐蚀电位和腐蚀电流密度。

⊡ 表 5-11　四种镁合金在溶液中的自腐蚀电位和腐蚀电流密度

合金编号	合金	$I_{corr}/\mu A \cdot cm^{-2}$	E_{corr}（相对甘汞电极）/V
AZ91D	AZ91D	16.85	−1.52
AZR1	AZ91+0.39Ce+0.22La	2.37	−1.56
AZS0.6	AZ91+0.61Sr	6.75	−1.56
AZRS0.5	AZ91+0.42Ce+0.28La+0.53Sr	2.01	−1.64

（2）形成含稀土合金相

在含稀土 AZ91D 中形成了较均匀的含 RE 和 Sr 的合金相，该相是耐蚀的、弱阴极性金属间化合物，并形成均匀的网络组织，促进了基体相的钝化。AZRS0.5 合金在 3.5% NaCl 溶液（pH=10.5，25℃）浸泡前后的组织形貌如图 5-25 所示。可知未浸泡前合金相由条状或粒状的 β 相、Al_4RE 相和 Al_4Sr 等构成，呈细小均匀分布；而在 NaCl 溶液中浸泡后，照片下合金相为白亮的区域，而基体区表面覆盖着黄色保护膜，从而使合金整体非常耐蚀。

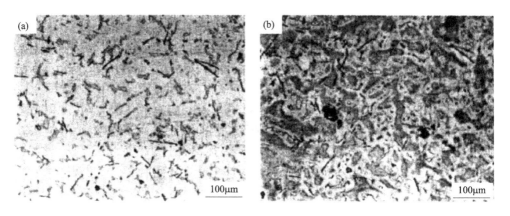

图 5-25 Mg-9Al-1RE-0.5Sr 合金在 3.5% NaCl 溶液（pH= 10.5, 25℃）浸泡前后的腐蚀形貌 (a) 0h；(b) 0.5h

（3） 提高了腐蚀产物膜的铝浓度和致密性，改进了腐蚀产物膜的结构和保护性

图 5-26 给出了 AZRS0.5 合金和对比合金在 3.5% NaCl（pH＝10.5，25℃）溶液中浸泡 2h 后表面腐蚀产物膜 O、Al 元素分布的俄歇能谱分析。从图中可以看出，AZRS0.5 合金的表面腐蚀产物膜中的 Al 浓度要高于 Mg-9Al 合金几倍，显然由于 RE 和 Sr 的协同作用，大大增加了腐蚀产物膜中 Al 的浓度，促进镁铝复合氧化物的形成，增加了表面膜的稳定性、致密性，还提高了表面膜的 PB 值，导致表面膜的保护性增强。

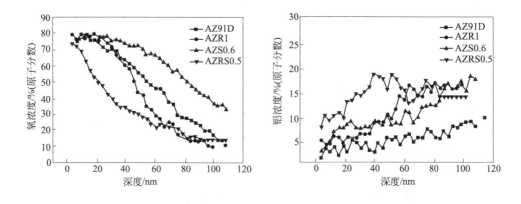

图 5-26 AZRS0.5 合金和对比合金在 3.5% NaCl（ pH= 10.5， 25℃ ）溶液中浸泡 2h 后表面腐蚀产物膜的氧、铝元素分布的俄歇能谱分析

研究表明，稀土元素和碱金属的复合添加或者多种稀土的复合添加，对提高镁合金耐蚀性能十分有利。但它们的协同作用机制，还有待于进一步深入研究。

张东阳等综述了几种稀土在镁合金耐蚀性能方面的作用[44]。刘文娟等研究了Ce、La合金化对镁合金AM60腐蚀行为的影响，发现添加稀土后的合金中出现了含稀土的针状结构物，合金的腐蚀电流密度降低。稀土含量对合金腐蚀能力也有很大影响，当含1.0%Ce和0.6%La时，自腐蚀电流密度最小。腐蚀产物中除Ce和La的氧化物外，还有晶态的铝、锰氧化物，这些氧化物提高了合金的耐腐蚀能力。周京等研究了含La量不超过6.5%的AZ91合金在NaCl溶液中的腐蚀行为。随着La含量增加，合金腐蚀速度和腐蚀电流均减小；当含0.16%La时，腐蚀电位提高了0.072 V，腐蚀电流降低了0.43 mA，腐蚀速度降低了6.0 mg/（cm^2·d），大大提高了镁合金的耐腐蚀能力。Pinto等研究了EZ33和WE54镁合金在硼酸盐中的腐蚀行为，结果表明：影响腐蚀的主要因素有表面膜的稳定性、电荷传质的快慢等；WE54合金腐蚀时在α相表面生成稳定的氧化膜Y_2O_3，使其耐腐蚀性能较好；EZ33合金中的稀土为混合稀土（La、Nd、Ce），腐蚀时稀土化合物与镁产生微电偶，反而降低了耐腐蚀能力。余琨等研究AZ31镁合金在盐雾腐蚀及电化学腐蚀时发现，加入稀土后，合金腐蚀速率、腐蚀电流密度均降低至原来的1/2左右；稀土还使合金中的α-Mg固溶体电极电位升高，耐腐蚀能力增强，使$Mg_{17}Al_{12}$相在晶界上均匀分布，晶界上同时分布着稀土与Mg、Al生成的化合物，这些都提高了镁合金的抗腐蚀能力。

5.3
含稀土阻燃镁合金

镁化学性质活泼，容易氧化和燃烧，在镁合金熔炼和浇注过程中必须采取保护措施以阻止其氧化和燃烧；在镁合金热处理、热成型加工或高温下使用时，如控制不当也可能出现氧化和燃烧损失。因而须研究一种经济实用、无污染的熔炼保护方法以防止镁合金氧化燃烧。目前常用的阻燃方法有熔剂保护法和气体保护法，但它们具有产生熔剂夹杂、污染环境、操作复杂等缺点。采用合金化阻燃方法能够在一定程度上解决上述不足。向镁合金中添加起阻燃作用的合金元素，阻燃元素能够在合金液面上自动生成保护性氧化膜，从而防止氧化燃烧。目前合金化阻燃的元素集中在Ca、Be和RE等几种元素上。合金化阻燃不但能够在熔炼浇注时阻燃，而且在镁合金后续冷热加工过程中以及在产品高温使用时均能起到一定的阻燃作用。

5.3.1 含稀土镁合金的高温氧化与燃烧

（1）镁合金的高温氧化

高温下金属镁与空气中的氧气发生反应［见式(5-6)］。该反应是放热反应而且生成的氧化镁膜是疏松的。

$$2Mg+O_2 === 2MgO+Q \tag{5-6}$$

金属氧化层的结构是否为疏松的，可用氧化物的体积与金属体积比来表征，即 Pilling- Bedwort.h 比表征，即：

$$PB=V_{氧化物}/V_{金属} \tag{5-7}$$

当 $V_{氧化物} > V_{金属}$ 时，PB>1，合金表面氧化物层呈致密状态；相反，当 $V_{氧化物} < V_{金属}$ 时，PB<1，合金表面氧化物层体积较小，呈疏松状态。呈致密状态的氧化物层，能够阻挡氧原子与合金内部镁原子接触而避免氧化；而呈疏松状态的氧化物层，使内部金属暴露出来，内部镁继续氧化。

高温下氧化速度加快，而放热反应使金属温度升高。加之呈疏松状态的氧化镁膜不能阻碍氧与镁的接触，这些因素造成了金属镁氧化严重。氧化镁的导热性远比金属差，当氧化产生的热量不能顺利散发出去时，会造成局部温度升高，从而产生燃烧。这是镁合金容易氧化燃烧的根本原因。

（2）镁合金的燃烧

从燃烧机理、燃烧规律和阻燃方法等方面考虑，镁合金的燃烧可分为固态燃烧和液态燃烧。固态燃烧是指在高温下固态镁合金的自燃现象，多见于热加工或热处理过程中，它使零件报废且容易烧坏炉子。液态燃烧是指熔炼时镁合金液体表面发生的自燃现象，通常情况下可用熔剂保护或气体保护来达到阻燃效果。

固态燃烧的原因在于温度达到或超过了起燃点。起燃点的定义为：在无火源存在时物质发生自行燃烧的最低温度。固态镁合金起燃点除受基体成分影响外，合金中第二相的影响往往更大，通常第二相熔点高时起燃点提高，第二相熔点低时起燃点降低。当温度高于第二相熔点时，第二相先熔化而形成小范围的液相区。

液态镁合金起燃点高低与熔体表面氧化层和熔体的黏度、表面张力等物理性质有关。由于镁合金液传热能力强，自由液面上局部的温度并不容易升高，一定程度上减少了燃烧倾向。在熔炼时，暴露出镁液之外的那部分镁熔液能够充分接触氧气，优先燃烧。如挂在坩埚壁上的液体、搅动后飞溅出保护熔剂之上的液滴、在炉内凝固的镁合金薄皮等，它们迅速得到大量的氧气，最容易燃烧。镁合金上尖锐突出的部分容易燃烧，而平滑的表面不易燃烧。因此，镁合金液体燃烧的两个主要因素为：温度超过起燃点；比表面积增大。

（3）含稀土镁合金的高温氧化特点

致密的氧化膜对液态和固态镁合金都有保护作用。在氧化膜对液态金属起保护作用时，一般有两个特点：①膜是致密的，可以防止氧气进入液体；②成膜速度快，这样在液体流动时也可起保护作用。在镁及镁合金表面能够形成保护性氧化膜的元素有：稀土元素（如 La、Ce、Y）、Be 和 Ca 等。

Y、La、Ce、Pd、Nd 等稀土元素在镁合金中溶解度很小，凝固时分配系数<1，属于表面活性元素。结晶时表面活性元素富集在结晶前沿，而且具有向液体表面聚集的趋势。含稀土镁合金的金属液表面上主要发生下列反应：

$$RE \Longrightarrow [RE] \tag{5-8}$$

$$2Mg(l) + O_2(g) \Longrightarrow 2MgO(s) \tag{5-9}$$

$$3MgO(s) + 2[RE](l) \Longrightarrow RE_2O_3(s) + 3Mg(l) \tag{5-10}$$

$$4RE(l) + 3O_2(g) \Longrightarrow 2RE_2O_3(s) \tag{5-11}$$

镁合金液面中的镁原子首先与氧反应生成一层 MgO，由于稀土比镁活泼，又是表面活性元素，它能夺取 MgO 中的氧而形成 RE_2O_3。MgO 与稀土原子接触的部分被稀土还原。被还原出来的 Mg 一部分回到合金液中，另一部分重新被氧化。不断发生如上的过程，直至稀土原子供应不足，剩余的镁才形成 MgO 覆盖在最外层。因此，稀土在不断地与 MgO 反应的过程中起阻燃作用，其作用大小与熔体表面的稀土浓度和稀土向熔体表面扩散的速度有关。

金属氧化速度受氧化物表面膜是否疏松支配。常见金属及稀土的氧化物 PB 值如表 5-7 所示。MgO 的 PB 值为 0.81，属于疏松结构。稀土氧化物的 PB 值均大于 1，属于致密结构，能够阻挡氧原子通过，从而起到隔绝氧气、保护镁合金熔体的作用。含稀土镁合金熔体表面的氧化膜主要是由 MgO、RE_2O_3 等组成，其 PB 值大于 1，能形成致密的氧化膜。

含稀土镁合金熔体表面氧化膜结构如图 5-27 所示。位于最外层的是一层质地疏松的 MgO 膜，它对熔体不具有保护作用；与其相邻的是一层含有稀土氧化物 RE_2O_3 与 MgO 的混合膜层，这一层的 PB 值大于 1，能够对熔体起保护作用。受镁合金熔体成分的影响，有时这一质地紧密的膜层中会含有 Al_2O_3 或 $Mg_{17}Al_{12}$ 等其他氧化物或合金相，情况更为复杂。

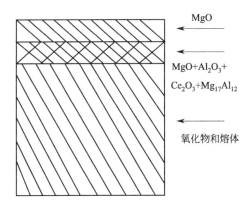

图 5-27　含稀土镁合金熔体表面氧化膜结构示意图

试验结果表明，在常用合金元素中 Mn、Zr、Cd、Si、Cu 等元素对镁合金起燃点几乎没有影响；Ca、Be 和 Er、Dy、Gd、Nd、Y 等稀土金属能够使镁合金起燃点提高；而 Al、Zn 使起燃点降低。

在阻止镁合金固体燃烧时，主要考虑稀土等添加元素所形成的第二相的熔点，第二相熔点越高则合金的起燃点越高。在阻止液相镁合金燃烧时，需要选择能在镁合金表面汇聚的表面活性元素，也应考虑该元素能否在合金液表面形成致密的氧化物层。稀土元素均能满足这两方面要求。在添加元素浓度高时，合金黏度和表面张力增大，有助于阻燃。

据报道，添加 Be 和 Ca 可以提高镁合金阻燃性能，但 Be 有剧毒，并且在阻燃时能发挥作用的 Be 和 Ca 的用量都较高，还会损害合金的力学性能。而稀土元素不仅阻燃效果好，还对提高合金力学性能和耐腐蚀性能有益，可以在工业上大量应用。

在纯 Mg 中加入 0.31%Ca，能使合金起燃点大约提高 120K，但在含 Ca 量小于 1% 时起燃点最高达到 1000 K 左右；当 Ca 含量大于 1% 后，起燃点随着含 Ca 量增加而快速提升；当含 Ca 量大于 1.7% 后，合金在 1173 K 下不发生燃烧[45]。

在 AZ91D 或 AZ63 镁合金中加入 Ca，熔体表面膜由 MgO、CaO 和 Al_2O_3 组成。随着 Ca 含量不断增加，合金起燃点不断提高。与纯镁的情况类似，在含 Ca 量大于 1% 时才能获得良好的阻燃效果。

但是随着 Ca 含量的增加，镁合金的抗拉强度和断后伸长率明显下降。因而含 Ca 镁合金的阻燃作用和力学性能降低之间存在着矛盾，重点考虑在不影响阻燃效果的前提下，向其中添加第二种、第三种元素来改善其力学性能。

Be 是一种活泼性金属，少量 Be 能提高镁合金的抗氧化性能，降低熔炼时镁的燃烧程度。在纯 Mg 中添加 0.001% 的 Be 可使燃点提高 200℃，在 Be 的浓度小于 0.0125% 时，Be 的浓度越大抗氧化性能越好。但是过量的 Be 引起晶粒粗化，恶化力学性能，因此含 Be 量限定在 0.02% 以内，但这一含量不足以实现镁合金无保护熔炼。

在 AZ91D 中，当 Be 的含量达到 0.3% 时，表面膜主要由 MgO、BeO 和 Al_2O_3 组成，该膜结构致密，阻止了镁与空气进一步接触，从而使得 AZ91D 镁合金获得了优良的阻燃性能[46,47]。然而 0.3% 的 Be 使 AZ91D 镁合金力学性能下降，但可以通过加入稀土或 Sr 等其他合金元素来提高合金力学性能。

另外，Be 具有很强的毒性，含 Be 炉渣会造成环境污染，在合金使用时也会对人体产生危害。Be 不符合"环保材料"的要求，应该少用或不用。

稀土元素不仅可以阻燃，而且能提高合金力学性能。目前添加的稀土元素主要包括 Y、Ce、La 以及混合稀土。

起燃点数值与被测条件有关，但是目前起燃点测量方法不统一，测量设备多样，使许多实验的测量结果难于进行比较。

图 5-28 所示为江西理工大学赵鸿金等人设计的一套起燃点测量装置[48]。其测量原理为：用计算机温度采集系统记录加热温度随时间的变化。由于合金燃烧时放出大量的热能，温度迅速升高，在热分析曲线上出现一个拐点，在拐点处作两条切线，交点被认为是合金的起燃点。另一种简单实用的起燃点测量方法为：把小块镁合金分别放入多个不同温度的炉子中，经过 12h 之后，自燃成灰的最低温度即是起燃点。

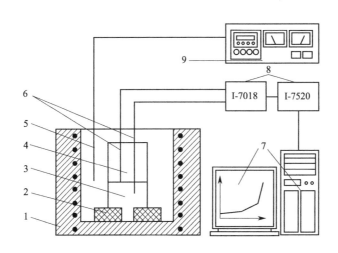

图 5-28 起燃点测量装置示意图

1—电阻加热炉；2—耐火砖垫；3—镁合金块（液）；4—不锈钢坩埚；5—控温热电偶；

6—测温热电偶；7—计算机温度采集系统；8—温度采集及数据传输模块；9—加热炉炉温控制器

5.3.2 含稀土阻燃镁合金及其氧化膜结构

（1） ZM5+0.1MM 的稀土氧化层结构

稀土元素的氧化膜具有特殊的颜色，凝固后很容易辨别，而且稀土元素是表面活性元素，有在表面聚集的特点，加入少量即可看到效果。图 5-29 所示是重庆大学邓正华等在 ZM5 镁合金里添加 0.1% 的混合稀土后测得的氧化层 SEM 形貌（其成分见表 5-12），可以看出其具有明显的 La、Ce，稀土氧化物层。图 5-29 中点 1 处为 MgO 层，点 2 处含有较多稀土 La、Ce，在此层生成了 Ce_2O_3、La_2O_3、Nd_2O_3。而点 3 和点 4 所在的层中，稀土含量急剧下降，表明在接近表面的 2 层，稀土发生了偏聚，致密的含稀土氧化物层生成，对合金抗氧化能力起到了良好的作用。

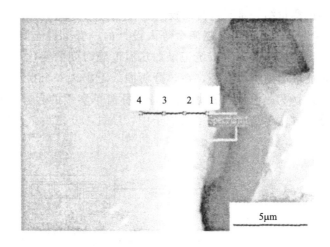

图 5-29 ZM5-0.1% RE 合金氧化层截面的 SEM 形貌

⊡ **表 5-12 截面上各点的化学成分（质量分数）**　　　　　　　　　　　　单位：%

元素	点 1	点 2	点 3	点 4
Mg	54.20	37.30	90.64	90.87
Al	5.10	6.20	8.03	8.12
O	40.70	30.11	0.53	0
Ce	0	12.71	0.04	0.06
La	0	10.52	0.03	0.02
Mn	0	0	0.70	0.23
Zn	0	0	0	0.50
Nd	0	3.16	0.03	0

　　混合稀土使 ZM5 镁合金起燃点明显提高，如图 5-30 所示[49]。不含稀土时合金起燃点约为 654℃，含 0.12％混合稀土时，起燃点升至约 820℃，提高了 166℃。研究发现 Ce、Y 混合加入时合金起燃点高于单独加入，Mg-Y-Ce 合金的起燃点都在 680℃左右。

（2）AZ91D+xCe

　　黄晓峰等[50] 研究了在无覆盖剂条件下 Ce 对 AZ91D 镁合金起燃点的影响。高温下 AZ91D 极活泼，在 550℃的空气中固态合金表面就已经产生了火星，生成氧化镁，并释放出结晶潜热，进一步促进了镁合金的起燃。

　　在没有气体或者覆盖剂保护的条件下，铈和混合稀土对 AZ91D 起燃点的影响如图 5-30 所示。随着合金中铈含量的增加，液态合金起燃点逐渐升高。铈添加量为 0.5％时，起燃点为 668℃；铈添加为 1.0％时，合金的起燃点为 724℃。试验时在液态合金表面氧化膜形成以后，没有发生燃烧。

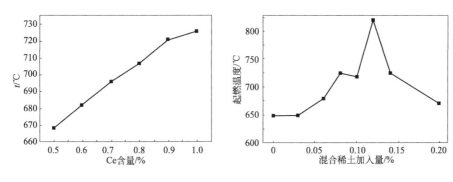

图 5-30 Ce 和混合稀土对 AZ91D 合金起燃点的影响

图 5-31 中为 AZ91D＋1.0Ce 合金表面氧化膜内的元素分布，可以把含 Ce 表面氧化膜分成外层、复合层、内层三层。

外层为从膜的外表面到 110nm 之间的范围，此层内镁和氧浓度最高，而铈和铝原子浓度很低，其主要为氧化镁。复合层在距表面 110～250nm 之间，在这一层内 Al 和 Ce 含量不断升高，而氧含量迅速下降，镁含量有所下降，检测结果显示这一层由 MgO、Al_2O_3、Ce_2O_3 组成，中间复合层的 PB＞1 是阻燃镁合金的关键。复合层的组成由内向外不同，越向外 MgO 含量越高。内层为熔体中成分不均匀的过渡层，在这一层中氧向溶液中扩散，Al 越向外浓度越低，而表面活性元素稀土 Ce 越向外浓度却越高。总之，稀土 Ce 在过渡层与内层交界处浓度最高，为稀土氧化物的生成创造了有利的条件，也是阻燃致密层形成的重要优势。

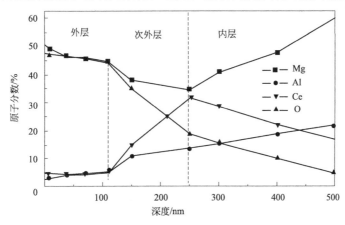

图 5-31 AZ91D＋1.0Ce 合金表面氧化膜内的元素分布

在表面膜的外层出现了一层 MgO 的原因是：镁由于浓度高优先与氧形成 MgO，而 Ce 与 MgO 反应生成了 Ce_2O_3，与稀土 Ce 接触不到的 MgO 层，最终留在了复合层的外面，成为了 MgO 表面层。如果最先形成的含 Ce_2O_3 的复合物层并不致密，氧仍然能够通过此层与内部的镁接触，从而生成 MgO，但是只要熔体表面能够接触到的 MgO 就会被 Ce 还原而生成 Mg 和 Ce₂O₃，从而使复合层膜致密起来。在此过程中，镁与氧接触生成氧化镁，部分氧化镁与 RE 反应生成镁，直到生成的中间层的致密度大到足以阻挡氧的进入时，反应中止。AZ91D 合金表面氧化时也生成了 Al₂O₃，其 PB 值大于 1，有助于致密层的形成。

试验证实富 Ce 稀土能够提高 AZ91D 合金的起燃点，在无覆盖剂的条件下 AZ91D 的起燃点随着富铈稀土的增而不断增加。当富铈稀土的添加量为 0.5% 时合金起燃点为 670℃；当添加量为 1.0% 时起燃点提高到 724℃。

（3） Mg-3.5Y-0.8Ca 合金的稀土氧化层结构

樊建锋等[51] 对 Mg-3.5Y-0.8Ca 镁合金分别在 773K、973K 和 1173K 保温 0.5h，使各合金表面生成氧化膜。检测结果显示氧化膜的主要成分为：O、Y、少量的 Ca 和 Mg。X 射线衍射分析表明，氧化膜由 Y₂O₃、CaO 和 MgO 组成。

采用惰性气体离子溅射进行深度剖面，将氧化膜表面剥离一层进行俄歇能谱分析，然后再剥离一层进行分析，直到氧浓度接近零时，依此方式测试出了各元素随深度的浓度分布情况。试验时氩离子溅射速率定为 32nm/min。图 5-32 为 Mg-3.5Y-0.8Ca 在不同温度和不同保温时间下氧化膜组成元素浓度与其距表面距离（深度）的关系。表 5-13 为不同工艺条件下复合氧化膜的各层厚度。

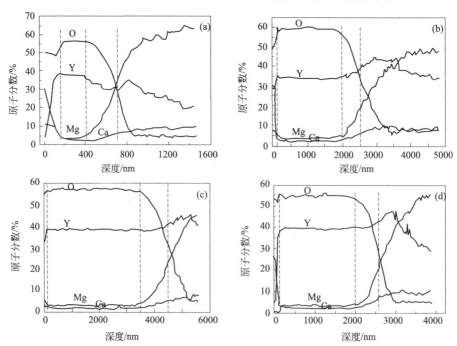

图 5-32 Mg-3.5Y-0.8Ca 合金表面氧化膜元素浓度

(a) 773K，30min；(b) 973K，30min；(c) 1173K，30min；(d) 1173K，5min

氧化物生成条件	773K，30min	973K，30min	1173K，30min	1173K，5min
稳定层厚度范围/nm	130~380	120~1950	40~3500	130~2000
稳定层厚度/nm	210	1830	3460	1870
孕育层厚度/nm	170	120	40	130
过渡层厚度/nm	320	650	1000	600
氧化物层总厚度/nm	700	2500	4500	2600

　　根据结果，可以对合金的氧化膜进行分析，有助于分析氧化过程和阻燃效果。首先在所有氧化物膜中确定出来一个成分相对稳定的区域，这一区域称为稳定层。稳定层具有相对固定的成分和化合物组成。稳定层的化学组成主要为 O、Mg 和 Y 三种元素，可以推断和检测其由 Y_2O_3 和 MgO 组成，稳定层内没有 CaO。

　　在同一保温时间下，随着保温温度的升高生成的氧化膜稳定层不断变厚。在（773K，30min）时氧化后氧化膜的稳定层较薄，为 210nm；在（1173K，30min）时氧化后氧化膜的稳定层增大到 3460nm。

　　在稳定层之外还存在一个表面层，表面层内元素含量变化较大，合金成分从氧化膜外表面渐渐过渡到稳定层成分，称为孕育层。孕育层厚度随氧化条件而不同，氧化温度越高，氧化时间越长，孕育层越薄；反之，则孕育层越厚。在孕育层中，O 和 Mg 浓度最高，Mg 由内向外浓度不断上升，表明孕育层的最外层是 MgO，由外向内 MgO 含量不断减少；在孕育层中，Ca 也是由内向外浓度不断上升，证明 CaO 优先于 Y_2O_3 生成，但随着深度增加 Y_2O_3 成为氧化膜的主要成分。

　　由稳定层到镁合金母材之间存在着一个成分不断变化的过渡层。过渡层越深，则氧浓度越低，其他元素含量不断增大，这是氧向合金内渗入的结果。过渡层决定了稳定层与母材的结合强度，也体现了 Y、Ca 等合金元素向外扩散的速率。

　　孕育层、稳定层和过渡层厚度如表 5-13 所示。氧化膜的总厚度随氧化温度和氧化时间的增加而增加。可以确定，高温下 Mg-3.5Y-0.8Ca 合金表面生成了一层 Y_2O_3 膜，该氧化膜有效地阻碍了 O 原子通过，从而极大地提高了镁合金的抗高温氧化和燃烧性能。

　　Y_2O_3 属于方铁锰矿结构，属于立方晶系。Y_2O_3 的熔点为 2683K，具有很高的热稳定性，在镁合金的熔炼温度范围（973~1073K）内 Y_2O_3 膜为固态。Y_2O_3 膜 PB 值为 1.39，致密、完整，能将合金表面完全覆盖。Y_2O_3 膜的延展性好，能够及时释放生长过程中产生的各种应力。

　　（4）纯镁中加入单一稀土和两种稀土

　　图 5-33 所示为不同含量的 Ce、Y、Nd、Dy 对工业纯镁起燃点的影响[52]。结果表明，所加的稀土元素对工业纯镁的起燃点均有提高作用。不同的稀土对起燃

点的影响并不一致，其中 Ce 和 Nd 提高起燃点的作用较小，Y 和 Dy 的作用较大。

在稀土元素含量大于 1％ 时，起燃点随稀土加入量增大而增大。但是在稀土含量小于 1％ 时，起燃点出现了一个小波峰，其具体原因目前并未研究清楚。有人认为，在稀土元素含量为 1％ 处出现起燃点低谷，是由于此时含稀土氧化物的膜层中内应力增大，产生裂纹所致。起燃点受复合氧化膜的组成、结构、厚度、稳定性以及成膜速度等因素影响。

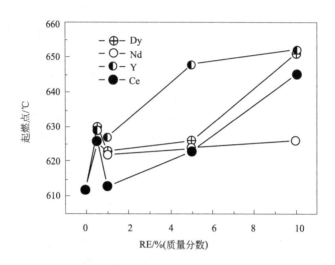

图 5-33 不同含量的 Ce、 Y、 Nd、 Dy 对工业纯镁起燃点的影响

对如上四种稀土含量均为 10％ 的合金，分别进行氧化膜横截面 SEM 分析。分析结果表明，Mg-10Ce 合金和 Mg-10Nd 合金形成的氧化膜内均含有裂纹，这是在冷却过程中氧化膜内产生的收缩应力造成的；Mg-10Y 合金和 Mg-10Dy 合金形成的氧化膜没有裂纹，仍然具有致密且牢固的结构。这表明，Y 和 Dy 在镁合金表面形成的阻燃层韧性较高，更容易保持完整性，能够长期有效地保护镁液。这是 Y 和 Dy 提高纯镁起燃点较显著的原因之一，起燃点测试结果与之相符。

在稀土含量相同时含稀土 Y 的合金燃点较高，Mg-10Y 的氧化膜结构致密均匀。但是在镁合金中加入单一元素时，所需要的稀土含量较高，材料成本增高。因此，可以考虑复合加入稀土以降低稀土总量。Ce 和 Dy 含量对 Mg-0.5Y 合金的起燃点的影响如图 5-34 所示。

Mg-0.5Y+xCe 合金随着 Ce 添加量的增大起燃点提高，但是少量 Ce 加入时，合金起燃点比工业纯镁还低。轻稀土元素 Ce 在镁中的固溶度较小，在高温下 Ce 优先于 Y 被氧化，生成的含 Ce 氧化膜脆性比较大而且含有许多孔洞，容易破碎，从而导致合金起燃点下降。

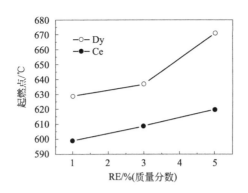

图 5-34 Ce 和 Dy 含量对 Mg-0.5Y 合金的起燃点的影响

Mg-0.5Y+xDy 合金的起燃点均比 Mg-0.5Y+xCe 合金好很多,具有较好的阻燃效果,而且随着 Dy 添加量的增大起燃点提高。当 Y 和 Dy 同时加入工业纯镁中时,工业纯镁起燃点提高,Mg-0.5Y+xDy 合金起燃点最高。Y 和 Dy 均为重稀土元素,两者具有相近的原子半径和物理化学性质,在高温下两者能一起形成致密且韧性较好的氧化膜,使得合金的阻燃性能大大提高。经 EDS 分析可知,合金氧化膜由氧化镁、氧化镝和氧化钇组成,且含量基本相当,表明三种氧化物共同形成氧化膜,此氧化膜与基体结合牢固,具有一定的厚度,而且氧化膜内部没有疏松的孔洞结构。

Mg-0.5Y-5Ce 合金在高温下氧化时,合金中镁优先与氧发生反应,形成致密度小于 1 的氧化镁。由于氧化镁具有疏松的结构,Ce 与 MgO 反应形成氧化铈,它填充在氧化镁的空隙间,形成复合氧化膜。但此氧化膜的内部存在很多孔洞,不利于阻燃。

(5) Y 对 AZ61D 起燃点的影响

周冰锋等[53] 研究了元素 Y 对 AZ61 镁合金起燃点的影响。结果表明,将适量 Y 加入 AZ61 镁合金能提高其起燃点,如表 5-14 所示。AZ61 镁合金极易燃烧,在空气中的起燃点为 556℃。Y 含量为 0.5% 时,起燃点提高了 17℃;当 Y 含量为 1.0% 时,起燃点提高了 36℃。其后当 Y 含量进一步增加时,合金的起燃点不再进一步升高。对于 AZ61 镁合金,Y 含量为 1.0%~1.5% 时,阻燃效果最好。

▫ **表 5-14 Y 对 AZ61 起燃点的影响**

试样	抗拉强度/MPa	断后伸长率/%	起燃点/℃	提高幅度/℃
AZ61	158.0	4.3	556	0
AZ61-0.5Y	165.4	4.7	573	17

试样	抗拉强度/MPa	断后伸长率/%	起燃点/℃	提高幅度/℃
AZ61-1.0Y	179.3	5.0	592	36
AZ61-1.5Y	168.6	4.8	595	39
AZ61-2.0Y	158.9	3.5	593	37

（6） Ca 和 Y 对 ZK60 镁合金起燃点的影响

ZK60 镁合金为常用的高强镁合金，秦林等[54] 研究了 Ca、Y 单独加入或复合加入对 ZK60 镁合金阻燃性能的影响，结果如表 5-15 所示。

▫ 表 5-15 含 Ca 和 Y 的 ZK60 镁合金的起燃点

编号	代号	起燃点/℃
1	ZK60	557
2	ZK60＋0.62Ca	686
3	ZK60＋0.98Ca	700
4	ZK60＋1.62Ca	726
5	ZK60＋0.98Y	729
6	ZK60＋1.93Y	743
7	ZK60＋2.95Y	800
8	ZK60＋0.58Ca＋2.08Y	707
9	ZK60＋1.05Ca＋1.96Y	843
10	ZK60＋1.54Ca＋2.11Y	793

Ca 或 Y 的加入使 ZK60 合金起燃点提高，而复合加入 1.05Ca＋1.96Y 时，合金起燃点达到 843℃。与单独加入相比较，复合加入 Ca 和 Y 时，当 Ca 的含量达到一定值（比如 1.05%Ca），Ca 能够增强 Y 元素的表面活性，在合金表面上生成大量的致密 Y_2O_3 氧化膜，从而提高阻燃性能。

纯 La 添加到 ZM5 镁合金中可以提高合金起燃点。当纯 La 的加入量为 1.0% 时阻燃效果最好，起燃点为 711℃，比未加 La 时提高了 56.5℃。其阻燃的原理和纯 Ce 基本相同，但其阻燃效果没有 Ce 好。

Zhou 等[55] 研究了 Ce 对 AM50 合金阻燃性能的影响。结果表明，Ce 含量由 0.1% 逐渐增加到 0.3% 时，AM50-xCe 的起燃点不断升高；Ce 含量达到 0.4% 时，起燃点出现下降趋势，0.3%Ce 为最佳含量。

5.4
含稀土阻尼镁合金

噪声和振动对生活环境、身体健康、产品质量、机械零部件寿命均造成一定的危害，引起了政府、专家、学者的高度重视。由于传动装置、动力装置产生振动，汽车的行驶速度、使用寿命以及人员安全都会受到影响。船舶开动时产生的振动和噪声既影响定位仪器工作，又危害乘员健康。如果潜艇噪声过大，会被敌方声呐发现，就不能保证自身安全。受动力源振动的影响，机动性战术雷达机架的使用精度大大下降，从而影响雷达工作质量。由于振动的影响，飞机经常在方向舵和机尾罩上萌生裂纹、空速管断裂、天线精度下降以及座舱噪声问题，影响着零件可靠性和寿命，严重时导致机毁人亡。现代航空航天、武器装备日益高速化和大功率化，由此产生的宽频带随机激振会引起结构产生多共振峰响应，从而使电子器件失效，仪器仪表失灵，甚至造成灾难性后果。

采用阻尼合金来制造零部件是解决振动和噪声的重要手段。阻尼（内耗）是指在振动过程中由于材料内部发生变化从而引起振动能消耗的现象。镁合金具有高的阻尼性能是其他常用金属材料所不具备的。高阻尼镁合金的开发应用，有助于防止和减少振动和噪声的产生，减少振动损失、噪声污染和避免环境干扰。

5.4.1 镁合金的阻尼性能

（1）纯镁的阻尼

纯镁的阻尼性能很好，如表 5-16 所示。当应变振幅为 $\varepsilon = 10^{-4}$ 时，达到了 $Q^{-1} = 0.11$ 的高阻尼值。纯镁虽然具有非常好的阻尼性能，但其力学性能较差，抗拉强度仅为 100 MPa，弹性模量只有 45GPa[56]，在很多工况下不适合使用。研究发现，用其他碱土元素或者稀土元素对镁合金进行合金化，或用颗粒和短纤维为增强相制造镁基复合材料能够兼顾合金的阻尼性能和力学性能[57]。

□ 表 5-16 纯镁及其合金的阻尼性能[58]

应力为 $0.10\sigma_{ys}$ 时的 $\psi/\%$	η	高阻尼材料
10.00	15.90×10^{-3}	Mg 合金 AZ31B-F
25.00	39.80×10^{-3}	Mg 合金 MI-F
50.00	79.60×10^{-3}	变形纯 Mg
55.00	87.50×10^{-3}	Mg 合金 SI-F(铸态)
60.00	95.50×10^{-3}	纯 Mg(铸态),Mg 合金 K1X1 -F 或 T4

（2）镁合金的阻尼机制

晶体材料的阻尼机制分为以下四类：热弹性阻尼、缺陷阻尼、磁阻尼、黏性阻尼。纯镁及其合金的阻尼机制属于缺陷阻尼中的位错阻尼，其内耗可以分为阻尼共振型和静滞后型两类，前者与应变振幅无关，与频率有关；后者与应变振幅有关，与频率无关。工程上应用的高阻尼镁合金主要利用静滞后型内耗。在外界振动下合金中产生应力，促使位错移动，造成位错在弱钉扎点（如溶质原子、空位等）上出现脱钉，而在强钉扎点（位错网节点、沉淀相等）周围形成位错环，由此导致应力松弛和机械振动能的消耗[59,60]。

按能量耗散机理，镁合金阻尼主要来源于微观缺陷作用，其阻尼能力的大小与合金中位错和杂质原子的密度及形态密切相关。镁合金在低温下的阻尼机制属于位错阻尼，满足 G-L 理论，即由 Granato 及 Li Jcke 提出的位错钉扎脱钉模型；在高温条件下，除了位错阻尼之外镁合金还有晶界阻尼起作用。合金的阻尼值 Q^{-1} 为与应变振幅无关的阻尼 Q_0^{-1} 和与应变振幅相关的阻尼 Q_H^{-1} 之和，见式（5-12）。

$$Q^{-1}=Q_0^{-1}+Q_H^{-1} \tag{5-12}$$

$$Q_0^{-1} \propto \Lambda L_c^4 \tag{5-13}$$

$$Q_H^{-1}=\frac{C_1}{\varepsilon}\exp(-\frac{C_2}{\varepsilon}) \tag{5-14}$$

$$C_1=(\Omega\Delta_0/\pi^2)(\Lambda L_n^3/L_c),C_2=kb\eta/L_c \tag{5-15}$$

式中，C_1、C_2 为物理常数；ε 为应变振幅；Λ 为位错密度；Ω 为滑移系中位错的位向参数；$\Delta_0=4(1-\gamma)/\pi^2$（$\gamma$ 为泊松比）；k 为与弹性常数的各向异性和样品取向有关的因子；η 为溶质和溶剂原子的错配参数；b 为点阵常数；L_n、L_c 为强钉扎点之间长度和弱钉扎点之间长度。

由式（5-13）可知，与应变振幅无关的阻尼 Q_0^{-1} 与位错密度 Λ 成正比，与弱钉扎点钉扎的位错线长度 L_c 的四次方成正比。合金中固溶原子、杂质原子及空位为弱钉扎点。与应变振幅有关的阻尼值 Q_H^{-1} 与强钉扎点之间的距离 L_n 的三次方成正比 ［式（5-14）和式（5-15）］，位错网节点及沉淀相为强钉扎点。

纯镁室温阻尼性能与应变振幅的关系曲线如图 5-35 所示[61]。纯镁中溶质原子较少，弱钉扎点相对较少，弱钉扎点之间长度 L_c 较大，所以其与应变振幅无关的阻尼值 Q_0^{-1} 高于含溶质原子较多的镁合金。合金元素的加入，使得合金中固溶原子增多，对可动位错的钉扎能力增强。合金元素的加入也会使位错网结点增多，沉淀相增多，从而使强钉扎点之间的距离 L_n 减小。因此镁合金中加入合金元素，从 G-L 模型上来分析，会使镁合金的阻尼性能降低。

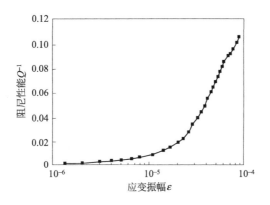

图 5-35 纯镁室温阻尼性能与应变振幅的关系曲线

位错是金属材料中最常见的一种阻尼源，位错在外加循环载荷的作用下发生往复运动而消耗能量。根据 G-L 模型可知，可动位错密度和有效位错的长度显著影响材料的阻尼性能。由于合金元素溶入基体后使基体晶格发生畸变，畸变所产生的应力场与位错周围的弹性应力场交互作用，使合金元素的原子聚集到位错线附近形成所谓"气团"，位错运动时必须克服气团的钉扎作用，因此需要更大的切应力。另外，由于合金元素的钉扎作用会使位错线变弯。这样使合金中的可动位错密度和有效位错长度降低，从而降低合金的阻尼性能。

多晶金属或合金在交变应力下，晶界和相界均受到一定剪切应力。当晶界面或相界面间的剪切应力大到足以克服内摩擦力时，界面便发生滑动，晶界的黏性滑动将循环剪切应力的机械能转换为热能从而引起内耗。晶界的能量散失取决于剪切应力的大小和单位体积内的晶界面积。组织的细化、界面面积的增加均可提高阻尼性能。

稀土元素使晶粒细化，晶界数量增加，晶界是位错运动的障碍限制了位错运动，合金元素使纯镁的临界应变振幅增大，即在更大的应变振幅下合金阻尼值才增大。

5.4.2　含稀土阻尼镁合金的性能及应用

（1）Mg-Re 系

常用合金元素对二元镁合金阻性能的影响如图 5-36 所示，揭示了 La、Ce、Cemm、Nd、Y 等添加元素对镁合金阻尼和力学性能的影响。

由图 5-36 可知，加入 Ca、Ce、Al、Nd 和少量的 Cd 元素均使纯镁阻尼性能急剧下降；Mn、Si、La 使纯镁阻尼性能下降但幅度相对较小；少量的 Ni 和大量的 Cd 使纯镁阻尼性能提高；Zr 对纯镁阻尼性的影响不大。

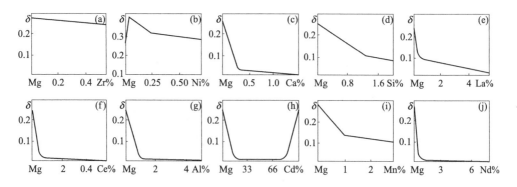

图 5-36 常用合金元素对二元镁合金阻尼性能的影响

合金元素在阻尼镁合金中的作用是在保持一定阻尼性能的基础上，提高合金的强度以满足应用的要求。因此在纯镁中添加少量的锆[62]、稀土元素、碱土金属[63] 等合金元素可以提高镁的强度并保持较好的阻尼性能。还可以通过热处理工艺、变形工艺、控制晶粒尺寸和取向、添加增强材料等手段来改善合金的阻尼性能和综合性能。镁合金中少量的 Ce、Al、Zn、Nd 等元素使阻尼性能大幅降低，但这些元素却是最有效的强化元素。稀土元素原子扩散能力差，既提高镁合金再结晶温度和减缓再结晶过程，又析出弥散的含稀土合金相，稀土元素细化晶粒能导致晶界增多，对阻尼性能以及力学性能都是有益的。

（2）含稀土 Mg-0.5%Zr 阻尼合金

Mg-0.5%Zr 合金具有良好的力学性能和阻尼性能，其力学性能和阻尼性能为：$R_m = 150\text{MPa}$，$R_p = 48 \sim 73\text{MPa}$，$A = 12.4\% \sim 27\%$，阻尼内耗 SDC=58%。在 Mg-0.5%Zr 合金中分别加入其他元素，研究合金元素对铸造合金阻尼性能（对数衰减率 δ）的影响，结果如图 5-37 所示。这些元素分别是 Sr、Ni、Cu、Mn、La、Zn、Cd、Ca、Ba、Y。

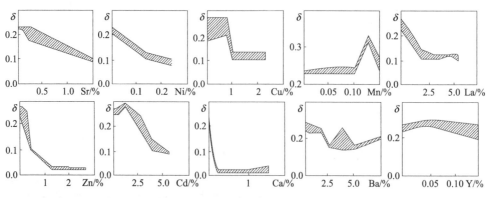

图 5-37 合金元素对铸造 Mg-0.5%Zr 合金阻尼性能（对数衰减率 δ）的影响

由图 5-37 可知，加入少量 Ca、Ni、Sr、La、Zn 的镁合金阻尼内耗急剧下降，少量的 Cd、Cu 和微量的 Mn、Y 对阻尼性能影响不大或者有微量提高作用。总之，合金元素降低镁合金阻尼性能的倾向更大，纯镁的阻尼性能好于其他常用材料，阻尼性能需要结合强度统一考虑。因此，那些使阻尼降低不多而强度大幅度提高的元素是优选元素。

当 Zn 的加入量为 0.1%～0.4% 时，Mg-0.5%Zr 合金力学性能有较大提高，$R_m = 177 \sim 182\mathrm{MPa}$，$R_p = 66 \sim 72\mathrm{MPa}$，$A = 6\% \sim 8.3\%$。Mg-0.5%Zr 中加入 0.05%～0.15%Y 时，$R_p = 70 \sim 80\mathrm{MPa}$，$A = 25\% \sim 30\%$。在 Mg-0.5%Zr 中加入少量 La，镁合金的阻尼内耗不变化。当 La 的加入量为 4.36% 时，镁合金的屈服强度提高到 140MPa，但延伸率降低。Cd 的加入量小于 2% 时，镁合金的阻尼内耗相对稳定且略有增大；加入大量的 Cd 后，阻尼内耗随之降低；当 Cd 的加入量为 0.4%～2.0% 时，镁合金的力学性能为 $R_m = 180\mathrm{MPa}$、$R_p = 80\mathrm{MPa}$。上述研究表明，在 Mg-0.5%Zr 合金中，同时满足阻尼和力学性能要求的合金元素，应优先考虑 Zn、Mn、Y、La 和 Cd。

（3）稀土元素 Y 对 Mg-0.6%Zr 合金力学性能与阻尼行为的影响[64]

按能量耗散机理，镁合金阻尼主要来源于缺陷阻尼，其阻尼能力的大小与合金中位错和杂质原子的密度及形态密切相关。图 5-38 反映在频率为 5Hz 时室温下两种合金的阻尼性能与应变振幅的关系。由图可知，合金中添加 0.15%Y 后，阻尼性能有所下降。

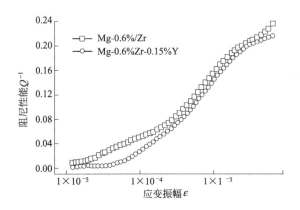

图 5-38 两种铸态合金在室温 5Hz 下的阻尼性能与应变振幅的关系曲线

当应变振幅 ε 小于 2.24×10^{-4} 时，Mg-0.6Zr 合金阻尼值明显高于 Mg-0.6Zr-0.15Y 合金。在应变振幅超过 2.24×10^{-4} 后，两种合金阻尼值的差距逐渐减小。当应变振幅达到 1.58×10^{-3} 时，两种合金阻尼值非常接近。由图 5-38 还可以看到，两种合金的阻尼性能可以分成两个部分：在小应变振幅下，阻尼与应变振幅无关；在较大应变振幅下，阻尼随应变振幅增大而增大。两种阻尼转折点所对应的应变振幅为临界应变振幅，由图中可知，加入 0.15％Y 合金的临界应变振幅大于未加 Y 的。

在 Mg-0.6Zr-0.15Y 合金中，Y 原子固溶到基体中，使得位错线上弱钉扎点增多，可动位错长度减小，位错密度增加；而在 Mg-0.6Zr 合金中，弱钉扎点相对较少，可动位错线长度及可动位错线密度都较大，所以其应变振幅无关阻尼值略高于加入 0.15％Y 的合金；同时 Y 元素的加入使得合金中固溶原子增多，对可动位错的钉扎能力增强。另外 Y 使合金晶粒进一步细化，晶界数量增加，而晶界阻碍和限制位错运动，使合金的临界应变振幅增大。图 5-38 中两条曲线间距离较大的部分体现了二者临界应变振幅的差异。在较大应变振幅条件下，位错挣脱弱钉扎点而限制在强钉扎点上，位错线在滑移面上扫过更大的面积，被钉扎的位错发生"雪崩"似的脱钉，阻尼性能显著增大。两种合金中强钉扎点数量都很少，因此，在大应变振幅条件下，两种合金阻尼性能相差不大。

Mg-0.6Zr 和 Mg-0.6Zr-0.15Y 合金的铸态显微组织如图 5-39 所示，两者的力学性能如表 5-17 所示。可知加入 0.15％Y 后，合金力学性能显著提高，达到了"在阻尼性能下降有限而力学性能提高"的目标。Mg-0.6Zr 合金中添加 0.15％Y 后，由于 Y 的固溶强化及细晶强化作用，合金的力学性能得到改善。Mg-0.6Zr-0.15Y 合金的屈服强度、抗拉强度及伸长率分别为 73MPa、176MPa、14.5％，分别比不加 Y 时提高了 18％、15％ 及 45％。

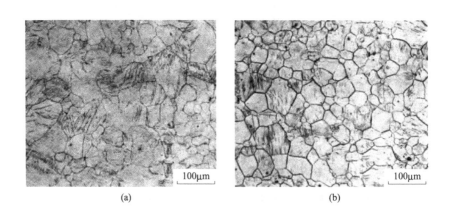

(a)　　　　　　　　　　　　　　　　(b)

图 5-39　Mg-0.6Zr 和 Mg-0.6Zr-0.15Y 合金的铸态显微组织
(a) Mg-0.6％Zr；(b) Mg-0.6％Zr-0.15％Y

合金	$R_{p0.2}$/MPa	R_m/MPa	A/%
Mg-0.6Zr	62	153	10
Mg-0.6Zr-0.15Y	73	176	14.5

（4）　RE 对 Mg-8Zn-4Al-0.3Mn 镁合金高低温阻尼性能的影响[65]

镁合金不仅在室温或低温下使用，也在中温或高温下使用，因此镁合金在中温和高温下的阻尼性能也是相当重要的。在中高温下，镁合金相界面软化及黏性滑动，其阻尼机制转变为位错机制和界面机制共同作用。

王建强等研究了 RE 对 ZA84 镁合金高低温阻尼性能的影响。ZA84 是一种低成本的耐热镁合金，具有良好的室温及高温力学性能，合金的化学成分及其铸造组织如表 5-18 所示。所添加的混合稀土（用符号 MM 表示）的化学成分为：Ce 50.2%、La 26.67%、Nd 15.28%、Pr 5.37%，其余为杂质。

⊡ 表5-18　ZA84 合金的化学成分及其铸态组织

序号	代号	铸态组织
1#	Mg-8Zn-4Al-0.3Mn	α-Mg,φ(Al$_2$Mg$_5$Zn$_2$),τ[Mg$_{32}$(Al,Zn)$_{49}$]
2#	Mg-8Zn-4Al-0.3Mn-0.5MM	α-Mg,φ(Al$_2$Mg$_5$Zn$_2$),τ[Mg$_{32}$(Al,Zn)$_{49}$]
3#	Mg-8Zn-4Al-0.3Mn-1.0MM	α-Mg,φ(Al$_2$Mg$_5$Zn$_2$),τ[Mg$_{32}$(Al,Zn)$_{49}$]
4#	Mg-8Zn-4Al-0.3Mn-1.5MM	α-Mg,φ(Al$_2$Mg$_5$Zn$_2$),τ[Mg$_{32}$(Al,Zn)$_{49}$],(Mg$_3$Al$_4$Zn$_2$RE)

加入 RE 前后合金的主要组成相均为 α-Mg、φ（Al$_2$Mg$_5$Zn$_2$）、τ[Mg$_{32}$（Al,Zn）$_{49}$]，只是加入 RE 后三元相 φ（Al$_2$Mg$_5$Zn$_2$）的数量有所增加，τ[Mg$_{32}$（Al,Zn）$_{49}$]相相对减少。加入 1.5%RE 后合金的组织中还出现了含稀土相（Mg$_3$Al$_4$Zn$_2$RE）相。

图 5-40 所示为不同 RE 加入量的 ZA84 合金在 0.1Hz 下的阻尼-温度谱。

在室温下，不同含量的 RE 均使合金的阻尼性能降低。随着温度的升高，合金的阻尼性能都增大，但是含稀土合金的阻尼性能增加幅度大于 ZA84，使得在高温下含 RE 合金的阻尼性能均高于 ZA84 合金。在 80℃左右时，加入 0.5%RE 与加入 1.0%RE 的合金阻尼性能开始超过 ZA84；而加入 1.5%RE 的合金这一温度推迟到了 120℃。对于应用在中高温工况下的镁合金，稀土提高阻尼性能的作用非常明显。

随着温度的不断升高，原子运动加剧，有效位错长度及可动位错密度增加，位错的弛豫及晶界、相界间的滑动变得相对容易起来。由于添加 RE 合金中的界面面积明显大于无稀土合金，因此，添加 RE 合金的阻尼上升速率明显高于 ZA84 合金。当温度大于 250℃后，镁基体由原来的一个滑移面增加为三个滑移面，镁中位错密度大大增加使合金阻尼显著增大。

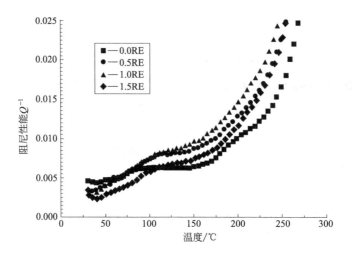

图 5-40 不同 RE 加入量的 ZA84 合金在 0.1Hz 下的阻尼-温度谱

此外,随着温度的升高,4 种合金中都出现了明显的温度内耗峰,只是出现的温度不同。无稀土合金在 100℃ 左右出现,含 RE 合金大约在 120℃ 出现,含 1.0%RE 的合金具有最强的温度内耗峰。随着温度的不断升高,合金中熔点比较低的 φ($Al_2Mg_5Zn_2$)相(熔点 393 ℃)出现了软化现象时,使可动界面显著增加,因此合金中出现了一个内耗峰。

图 5-41 所示为含 1.5%RE 的 ZA84 合金在不同频率下的阻尼-温度谱。随着测试频率的升高,合金的阻尼性能不断下降,并使合金中内耗峰的出现温度增高。在 0.1Hz 下,大约在 120℃ 下 ZA84+1.5RE 合金出现阻尼峰,而在 10Hz 下出现在 180℃。

加入 RE 的合金低频阻尼性能高于高频阻尼性能。实际上合金中各种缺陷对应力频率的响应是不同的。有的缺陷在高频下跟随应力运动,如位错;有的则只能在低频下才得以激活,如界面、受钉扎位错。加入 RE 后合金中界面较多,界面对阻尼起主要作用,低频对合金的阻尼性能更为有利。另外,由于 RE 的加入使界面、受钉扎位错的运动受到了限制,从而推迟了合金中阻尼峰的出现温度。

虽然添加 1.5%RE 的合金界面阻尼最大,但是由于其基体中的 Al、Zn 原子含量最大,对位错运动的阻碍作用也最大,因此它的位错阻尼也最低。通过 X 射线及 EDS 分析可知,由于 RE 的加入,在 ZA84 镁合金中生成了一种新的四元相,并且随 RE 加入量的增大,四元相的含量也随之增加。这种四元相弥散分布于晶界上,对晶界起到了一定的钉扎作用,限制了晶界的滑动,这对合金的界面阻尼是不利的。

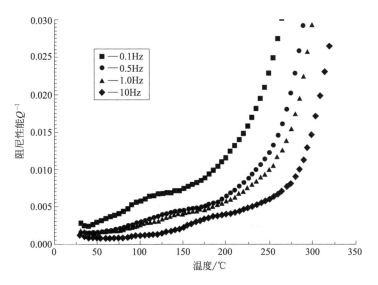

图 5-41 含 1.5％RE 的 ZA84 合金在不同频率下的阻尼-温度谱

虽然添加 1.5％RE 合金的晶粒最细，却未表现最强的阻尼性能。这是由于合金中的界面阻尼与位错阻尼叠加作用的结果。RE 的加入促进了 Al、Zn 原子向基体中的扩散，钉扎了位错，降低了合金的位错阻尼。但由于 RE 的加入细化了晶粒，增大了界面阻尼。位错阻尼与界面阻尼叠加的结果决定了合金的宏观阻尼行为。

（5）人工时效对 RE 变质 ZA84 镁合金力学性能与阻尼性能的影响

王建强等[66] 对 ZA84＋1.5RE 合金进行人工时效，研究人工时效对合金阻尼性能的影响。ZA84＋1.5RE 试样经 345℃×12h 水淬固溶处理后，于 175℃进行不同时间的时效处理，时效后的显微组织如图 5-42 所示。

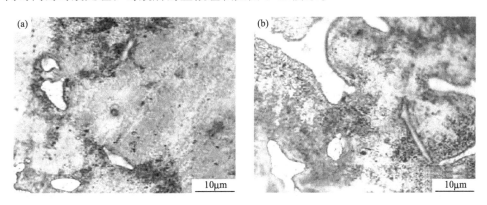

图 5-42 ZA84＋1.5RE 合金固溶处理后在 175℃下时效不同时间的显微组织
（a）2h；（b）8h

ZA84+1.5RE 铸态合金与时效态合金的阻尼性能如图 5-43 所示，可见无论在低温下还是在高温下，时效态合金的阻尼性能均优于铸态合金。

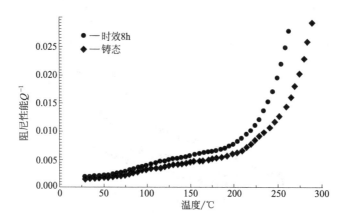

图 5-43　ZA84+ 1.5RE 铸态与时效态的阻尼性能

时效后合金的阻尼主要受到以下几方面因素的影响：①合金在淬火时，晶粒显著细化，界面明显增加。界面的黏性滑动所产生的界面阻尼显著增加；②由于界面间的热膨胀系数不同，在淬火冷却过程中以及时效冷却过程中产生大量位错，增大位错阻尼；③在时效过程中空位的合并降低了空位对位错的钉扎作用，因而提高了位错的可运动性，增大了位错阻尼。由于时效态合金中的位错密度及界面数量均高于铸态合金，因而温度对阻尼的影响非常明显，高温下时效态合金的阻尼性能明显高于铸态合金。

铸态与时效态合金的力学性能如表 5-19 所示。人工时效可以显著提高 ZA84+1.5RE 镁合金的力学性能。经 8h 人工时效处理的合金与铸态合金相比，室温下的屈服强度提高了 36%，抗拉强度提高了 33%；150℃下的屈服强度提高了 19%，抗拉强度提高了 8%。

⊡ 表 5-19　ZA84+ 1.5RE 铸态与时效态在室温及 150℃下的力学性能

状态	室温		150℃	
	R_m/MPa	$R_{p0.2}$/MPa	R_m/MPa	$R_{p0.2}$/MPa
铸态	166	118	155	104
时效态(175℃,8h)	220	161	168	124

因此，人工时效使 ZA84+1.5RE 合金力学性能提高，与此同时也使合金阻尼性能提高。时效处理可以同时提高含稀土镁合金力学性能和阻尼性能。

（6）含稀土阻尼镁合金的应用

振动和噪声影响我们生活的方方面面。镁合金质量轻和高阻尼的特性，应用在航空、汽车、电子等领域能够使噪声和能耗大大降低。在航空航天工业，阻尼镁合金用来制造火箭导弹和喷气式飞机上的控制盘、导航仪等精密仪器，也可用来制造发动机罩、机尾罩、空速管等零件；在航海工业，阻尼镁合金可用来制造舰船发动机的旋转部件、潜艇的螺旋桨等零件；在汽车工业，阻尼镁合金可用来制造汽车车体、发动机转动部分、刹车装置、变速箱和空气净化器等零部件；在建筑工业，阻尼镁合金用来制造装饰材料。在家电行业，阻尼镁合金可用来制造防噪声罩等零件。

5.5
含稀土耐摩擦磨损镁合金

磨损是零部件失效的一种基本类型，通常在一定时间和载荷条件下对材料进行磨损试验，以表面摩擦因数与磨损损失质量作为摩擦磨损性能的指标。

镁合金的耐磨性较差，不能应用于磨损严重的工况。但是，如汽车制动装置、发动机部件等镁合金零件，使用时仍然会出现磨损失效的现象。此外，镁合金零部件在工作时需要与其他零件发生接触，需要考虑其摩擦和磨损问题，在零件加工制造和装配过程中，也需要考虑镁合金磨损所造成的损失。因此，研究镁合金的摩擦磨损性能是有必要的。

镁合金中常用合金元素有铝、钙、锌、锰、稀土等。不同的合金元素在改善合金力学性能的同时，也影响摩擦磨损性能。

5.5.1 含稀土镁合金的摩擦磨损特性

按照表面破坏机理特征，镁合金磨损分为磨粒磨损、氧化磨损、黏着磨损、剥层磨损、表面疲劳磨损、腐蚀磨损等。

在低载荷条件下，镁合金的磨损以磨粒磨损和氧化磨损为主[67]。磨损表面的氧化物层不仅能起到润滑作用，还能有效隔离摩擦表面，避免金属与磨粒直接接触，使材料的摩擦因数减小，磨损区域边缘通常伴有微量的变形。在较大载荷条件下，镁合金磨损过程主要以剥层磨损为主，磨损区域边缘变形程度较大，剥层严重，磨损表面的犁沟变得深而宽，局部区域可观察到唇边及裂纹现象[68]。同时，脱落的磨粒进一步产生磨损，使材料损失加剧。在高载荷下，镁合金的磨损以黏着磨损为主，此时可以观察到磨痕表面的犁沟更加平滑，存在明显的塑性流动迹象，磨道两侧有大量片状磨屑堆积。在更高载荷下，镁合金的磨损以熔融磨损为主，磨损表面光滑，并存在严重塑性变形现象，磨道两侧的磨屑由片状变成颗粒团状堆积，并辅以黏着磨损的形式进行。

镁合金表面非常容易生成氧化膜，其组成以 MgO 为主。氧化膜的特性对摩擦磨损行为有着巨大的影响。质脆且不致密的 MgO 薄膜在切应力反复作用下极易脱落，裸露出来的崭新表面重新生成氧化薄膜，氧化和脱落交替产生，被称为氧化磨损。剥落的 MgO 磨屑如果不能及时排除，会导致磨粒磨损。在摩擦过程中产生的热量如果不能及时散失，表面局部温度升高到一定程度时将会出现塑性流动，从而产生严重的黏着磨损或熔融磨损。

稀土元素除了能够降低镁合金的铸造缺陷外，还对镁合金摩擦学特性产生有益的影响，其原因如下[69]。

① 稀土元素与氧、硫等杂质元素具有较强的结合力，抑制了这些杂质元素所引起的组织疏松。

② 在熔炼过程中，稀土元素能与水汽和镁液中的氢反应，生成稀土氢化物和稀土氧化物以除去氢气，减少气孔、针孔及缩松等铸造缺陷，提高了铸件质量，减少了裂纹源的产生。

③ 稀土元素还可以净化晶界，增加晶界强度，抑制在晶界处产生裂纹。

④ 稀土元素促进细晶强化与析出强化，提高镁合金的表面强度，改善摩擦磨损性能。

⑤ 稀土元素与其他元素形成针状或块状新相，这些新相具有更高的化学稳定性及较高的熔点，而且不易从基体中脱落。在温度升高时，稀土元素的扩散速度很慢，能有效阻碍晶界的滑动和裂纹的扩展，从而改善合金的高温性能。

根据现有的研究成果可知，载荷、滑动速度及温度是影响镁合金摩擦磨损的三个主要外部因素。这三个因素在不同镁合金摩擦磨损过程中的作用大致相似。磨损率随载荷的增加而增加；在较低的滑动速度下，磨损率随速度的增加而减小，当滑动速度超过某一临界值（与载荷等因素有关）后，磨损率随速度的增加快速增大。载荷与滑动速度的作用可视为温度的作用，即存在一个临界温度，一般为熔化温度，它将磨损分为轻微磨损和严重磨损两个区域；在轻微磨损区域内，镁合金的磨损在一定范围内随温度的升高而降低，但超过临界温度后，合金耐磨性能则急剧下降[70]。

影响镁合金摩擦磨损性质的内因方面条件有：材料的力学性能、微观组织、稀土元素含量以及氧化膜等。①力学性能。硬度是影响材料摩擦磨损性能的主要因素，根据 Archard 方程可知，材料的硬度越高，耐磨性越好。其他力学性能（如弹性模量）也对耐磨性有很大影响。②微观组织。在一定范围内，晶粒尺寸的减小可提高材料的硬度，从而提高其耐磨性，而晶粒过大时硬度较低，以及晶粒过小时磨损机理的改变，都可能降低耐磨性。硬质相的含量也对摩擦性能有很大影响，不易脱落的硬质相（针状、方块状等）比易脱落的耐磨性好。③稀土元素。添加稀土的镁合金通常比不含稀土的耐磨性好。④氧化膜。氧化膜的生成、稳定性、厚度等影响合金的耐磨性，其作用类似于合金表面覆盖涂层。

5.5.2 含稀土镁合金的磨损性能

（1）Y对Mg-15Al合金摩擦磨损行为的影响

王东等[71] 研究了Y对Mg-15Al合金铸态组织和摩擦磨损性能的影响。试验的合金中Y含量分别为0、0.5%、0.8%、1.2%、1.5%，金属型铸造。摩擦磨损试验在MMW-2微机控制高温摩擦磨损试验机上进行，试样加工成 $\phi43mm\times3mm$，对磨盘材料为Cu，尺寸为 $\phi26mm\times12mm$。试验环境温度为25℃，转速为150r/min，载荷为100～300N。摩擦因数值通过试验机上自动记录的摩擦力矩换算得出，材料的磨损质量损失用精度为万分之一的电子天平测量。用JSM-6700F型场发射扫描电子显微镜观察材料表面磨损形貌。

Mg-15Al合金和Mg-15Al-1.2Y合金的铸态组织SEM图像如图5-44所示。EDS及XRD分析结果表明，图5-44中a处为基体a-Mg，b处为a-Mg＋β-$Mg_{17}Al_{12}$离异共晶体，c处为含稀土合金相 Al_2Y。非平衡凝固的Mg-15Al合金铸态显微组织由初生a-Mg和a-Mg＋β-$Mg_{17}Al_{12}$离异共晶体组成，合金中加入Y后，组织中出现了颗粒状 Al_2Y相。Y与Al的电负性差值比Y与Mg的大，因此合金中生成了 Al_2Y相。

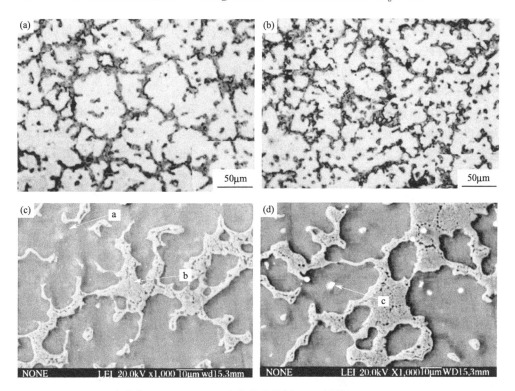

图5-44 Mg-15Al合金和Mg-15Al-1.2Y合金铸态组织SEM图像

（a）Mg-15Al，OM；（b）Mg-15Al-1.2Y，OM；（c）Mg-15Al，SEM；（d）Mg-15Al-1.2Y，SEM

对 Y 含量不同的 Mg-15Al 合金做摩擦磨损试验，不同载荷下 Y 含量对 Mg-15Al 合金摩擦因数和磨损质量的影响如图 5-45 所示。

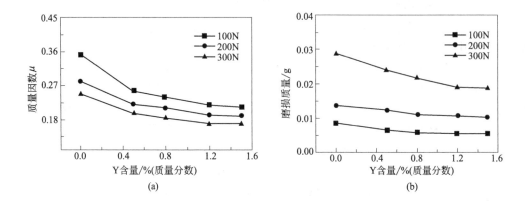

(a)　　　　　　　　　　　　　(b)

图 5-45　不同载荷下 Y 含量对 Mg-15Al 合金摩擦因数和磨损质量的影响
（a）摩擦指数；（b）磨损质量

在加入稀土 Y 后 Mg-15Al 合金的摩擦因数均明显降低，并且随 Y 的增加摩擦因数不断降低。这与 Y 加入后合金的组织变化有显著的关系，Y 使合金基体强化，从而减小基体与合金相之间的硬度差，Y 也使合金耐热性能更好，从而使摩擦因数减小，但目前关于这一点研究并无定论。

合金摩擦因数均随试验载荷增加而减小，并趋于平稳。载荷通过接触面积的大小以及变形程度来影响摩擦因数。在滑动摩擦过程中，金属表面处于弹塑性接触状态，其实际接触面积与载荷并非线性关系，使得摩擦因数随载荷的增加而有所降低。

随磨损过程的进行所有合金的磨损量不断增加。但相比之下，含稀土的镁合金的磨损量较小，随稀土含量的增加磨损失量不断减小。

不含 Y 与含 1.2％Y 合金在 300N 压力下的磨损形貌如图 5-46 所示。含 1.2％Y 的合金磨面平整，其上具有均匀的划痕与细小的沟槽，此时的磨损机制主要为磨粒磨损；不含 Y 的合金磨损表面较为粗糙，磨面上的犁沟深而宽，局部有块状剥落的现象。含稀土元素的试样表面上覆盖了一层灰色薄膜，对其进行分析表明，它由金属的氧化物构成，该氧化物层能起到一定的润滑作用，而且隔离了摩擦表面，使摩擦因数降低、磨损量减少。

综合来看，稀土的加入使镁合金组织细化，综合性能提高，也增强了磨损表面氧化膜的稳定性，有效地延迟了由轻微磨损向严重磨损的转变过程。在材料摩擦过程中，磨损表面不可避免温度升高，在大气环境中无法避免氧化作用，摩擦表面生成的氧化物层对摩擦磨损行为起着非常大的作用。稀土在氧化物膜与基体界面间偏聚，提高氧化物膜的黏着力，细化膜的组织，有助于提高膜的耐磨性和抗剥离能力，形成的氧化物膜比较稳定，增强了稀土镁合金的耐磨损能力。

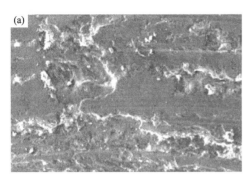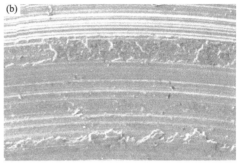

图 5-46 不含 Y 与含 1.2% Y 合金在 300N 压力下的磨损形貌
(a) 0Y (300N)；(b) 1.2%Y (300N)

（2）含稀土镁合金的摩擦磨损性能

稀土对 AZ91 和 AM60 镁合金摩擦系数和磨损量与载荷的关系曲线[72]，如图 5-47 和图 5-48 所示。

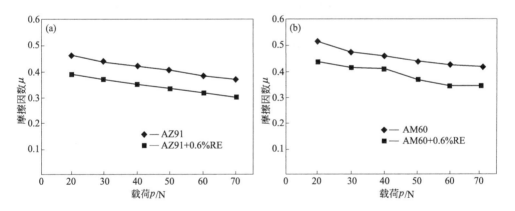

图 5-47 稀土对 AZ91 和 AM60 合金摩擦因数的影响

随载荷的增加，所有合金的磨损量都增加，但是摩擦系数却减小。所有合金的磨损曲线上都有转折点，表明合金在低应力状态下产生轻微磨损，但应力增加到一定程度时，开始发生严重磨损。这种由轻微磨损到严重磨损的转变，是磨损机制转变的体现。

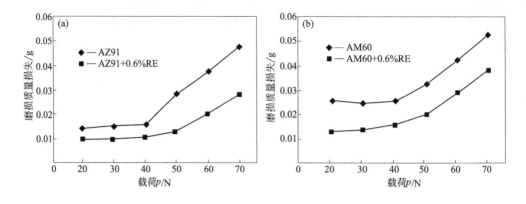

图 5-48　AZ91 和 AM60 镁合金磨损量与载荷的关系曲线

在材料摩擦过程中，磨损表面不可避免地温度升高，在大气环境中，金属摩擦副几乎无法避免氧化的影响，摩擦表面的氧化物层对摩擦磨损起着非常重要的作用。在低载荷下，镁合金磨损表面上存在一层氧化物层，它不仅起到润滑作用，还有效地隔离了两个摩擦表面，使材料的摩擦系数降低，磨损量减小，此磨损机制为氧化磨损。在载荷增大到一定程度后，由于氧化膜为脆性材料，氧化膜破裂后不能保护镁合金基体，因而使磨损率增大，磨面上的犁沟变得深而宽，并有块状金属剥落现象，此时的磨损机制已由氧化磨损转化为剥层磨损。

在严重磨损阶段，AM60 合金的磨损曲线要比 AZ91 合金平缓一些。对于AZ91 合金，含稀土镁合金的转变点要比基体合金增加 20N 左右。对于 AM60 合金，含稀土镁合金与不含稀土镁合金的转变点相差不多，但是含稀土镁合金的磨损量要比基体镁合金低很多。

含稀土镁合金不仅摩擦因数低，而且在任何压力下磨损量都小得多，因此含稀土镁合金的摩擦磨损性能明显高于未添加稀土的合金。

稀土元素与氧、硫等杂质元素有较强的结合力，抑制了这些杂质元素所引起的组织疏松；在熔炼过程中，稀土元素能与水汽和镁液中的氢反应，生成稀土氢化物和稀土氧化物以除去氢气，减少气孔、针孔及缩松等铸造缺陷，提高铸件质量，减少了在摩擦过程中裂纹源的产生。稀土元素还可以净化晶界，增加晶界强度，使裂纹不易在晶界处产生。稀土元素的加入细化合金组织，改善镁合金的综合性能，增强磨损表面氧化膜的稳定性，提高稀土镁合金的承载能力，有效地延迟由轻微磨损向严重磨损的转变过程。

在所有情况下，AM60 合金的磨损情况都比 AZ91 合金要严重，主要原因是AM60 合金中合金含量较少，具有较低的硬度。AZ91 合金的主要强化相是$Mg_{17}Al_{12}$ 相，其熔点低（大约为 462℃），热稳定性差，温度升高时易于粗化和软化，易脆。稀土加入后，会优先与铝化合生成化学稳定性更高的 Al-RE 二元合金相，其熔点很高，而且在温度升高时稀土元素的扩散速度很慢，这使得 Al-RE 二元合金相有高的热稳定性，因此能有效阻碍温度升高时晶界的滑动和裂纹的扩展，改善了高温性能。

（3）稀土对 AZ91D 镁合金摩擦磨损性能的影响

祁庆琚等[67] 研究了不同稀土含量对 AZ91D 镁合金摩擦磨损性能的影响，稀土以富铈混合稀土的形式加入。摩擦磨损试验在 MM-2000 型高速高温磨损试验机上采用销-盘磨损形式进行。试样加工成直径为 6 mm，高度为 12 mm 的销，偶件为 5CrNiMo 合金盘，其尺寸为 $\phi70$ mm × 10 mm，硬度为 55HRC。试验条件为干摩擦，环境温度 25℃，滑动速度 0.628 m/s，载荷 20～110 N。

AZ91D 合金组织由 a-Mg 基体和沿晶界不规则分布的 $Mg_{17}Al_{12}$ 相组成。加入稀土后，析出了棒状 $Al_{11}RE_3$ 相，而 $Mg_{17}Al_{12}$ 相对减少。加入稀土后，组织得到了明显细化，变得更加致密均匀。

不同稀土含量的 AZ91D 合金的摩擦因数随载荷的变化情况如图 5-49 所示。可以看出，加入稀土后，合金的摩擦因数均下降，并随稀土含量的增加摩擦因数逐渐降低。在滑动摩擦过程中金属表面处于弹塑性接触状态，由于实际接触面积与载荷呈非线性关系，使得摩擦因数随着载荷的增加而有所降低。

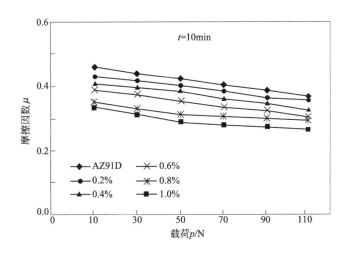

图 5-49 不同稀土含量的 AZ91D 合金摩擦因数随载荷变化的关系曲线

不同稀土含量的 AZ91D 合金磨损量随载荷变化的关系曲线如图 5-50 所示。由图可知，随着载荷的增加，磨损质量损失不断增大，但含稀土镁合金的磨损量比 AZ91D 低。磨损曲线上都有转折点，说明材料的磨损机制随载荷的增加发生了由轻微磨损到严重磨损的转变，但含稀土镁合金的转变点要比 AZ91D 合金载荷高 20N 左右。

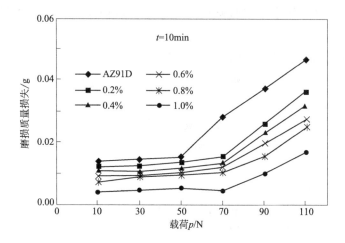

图 5-50　磨损量随载荷变化的关系曲线

图 5-51 所示为含与不含稀土试样的磨屑形貌。在周期性的交变应力和热应力的共同作用下，镁合金摩擦表面的氧化层产生显微裂纹，裂纹不断扩展，氧化膜最终破裂剥落而形成磨屑。稀土的加入能有效地阻碍显微裂纹的扩展，因此含稀土镁合金的磨屑尺寸较小。较小尺寸磨屑对磨损表面影响较小，摩擦副接触表面的状态不会发生明显变化，因此稀土镁合金的磨损率可以长期保持稳定。而在 AZ91D 中观察到尺寸较大的片状金属磨屑产生，并有金属光泽，大颗粒磨屑会使摩擦表面状态严重恶化，切削作用及剥层磨损加剧，使磨损质量损失随载荷的增加而急剧上升。

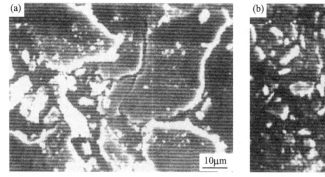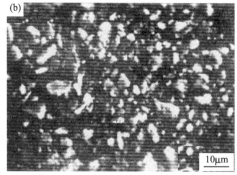

图 5-51　AZ91D 和 AZ91D+ 0.6RE 镁合金的磨屑形貌　(P= 90 N)
（a）AZ91D；（b）AZ91D+0.6RE

稀土元素的加入改善了镁合金的综合性能，增强了磨损表面氧化膜的稳定性，提高了稀土镁合金的承载能力，从而有效延迟了从轻微磨损向严重磨损的转变。

参考文献

[1] 林正捷，赵颖，张志雄，等 . 医用可降解镁合金抗菌性、溶血以及生物相容性的研究进展 [J]. 稀有金属材料与工程，2018，47（1）：403-408.

[2] 袁广银，牛佳林 . 可降解医用镁合金在骨修复应用中的研究进展 [J]. 金属学报，2017，53（10）：1168-1180.

[3] 彭秋明，付辉，李慧 . Mg-Y 基生物材料研究进展 [J]. 燕山大学学报，2015，39（4）：292-297.

[4] 杨辉，闫景龙，姬烨，等 . 可降解镁合金材料在医学领域的研究和应用现状 [J]. 现代生物医学进展，2015，15（34）：6797-6800.

[5] Kannan M B，Raman R K S. In vitro degradation and mechanical integrity of calcium containing magnesium alloys in modified-simulated body fluid [J]. Biomaterials，2008，29（15）：2306-2314.

[6] 毛麒瑞 . 人体的元素组成与毒性元素 [J]. 化工之友，2001（03）：13-14.

[7] 卫英慧，许并社 . 镁合金腐蚀防护的理论与实践 [M]. 北京：冶金工业出版社，2007.

[8] 谭小伟，高家诚，王勇，等 . 医用纯镁的热处理试验研究 [J]. 科技导报，2006，24（2）：67-69.

[9] 赵鸿金，张迎晖，康永林，等 . 镁合金阻燃元素氧化热力学及氧化物物性分析 [J]. 特种铸造及有色金属，2006，26（6）：340-344.

[10] Erinc M，Sillekens W H，Mannens R G T M，et al. Applicability of existing magnesium alloys as biomedical implant materials [A]. Magnesium Technology 2009 [C]. San Francisco：Willy，2009：209.

[11] 贾冬梅，宋义全 . Ca 对医用 Mg-1Zn-xCa 合金材料在模拟体液中腐蚀行为的研究 [J]. 内蒙古科技大学学报，2014，33（02）：113-116＋127.

[12] 周波，周世杰，李峻峰 . Mg2Zn0.2MnxCa 四元生物镁合金的制备与研究 [J]. 材料导报，2016，30（S2）：317-319.

[13] 张永虎，宋义全，耿丽彦 . 锌对铸态医用 Mg-1Ca-xZn 合金组织和显微硬度的影响 [J]. 轻合金加工技术，2012，40（07）：27-30.

[14] 韩少兵，贾长建，赵兵，等 . 可降解血管支架用 Mg-2Y-xZn-0.4Zr 合金腐蚀性能的研究 [J]. 铸造技术，2017，38（5）：1001-1014.

[15] Brar H S，Wong J，Manuel M V. Investigation of the mechanical and degradation properties of Mg-Sr and Mg-Zn-Sr alloys for use as potential biodegradable implant materials [J]. J. Mech. Behav. Biomed. Mater.，2012，7：87-90.

[16] 余琨，雷路，陈良建，等 . 新型镁合金在生理体液环境下腐蚀行为评价 [J]. 金属功能材料，2011，18（02）：32-36.

[17] 程丹丹，文九巴，贺俊光 . 稀土 Y 对 Mg-2Nd-0.5Zn-0.4Zr 镁合金生物腐蚀性能的影响 [J]. 中国有色金属学报，2015，25（10）：2783-2789.

[18] Bornapour M，Muja N，Shum-Tim D，et al. Bio-compatibility and biodegradability of Mg-Sr alloys：The formation of Sr-substituted hydroxyapatite [J]. Acta Biomaterialia，2013，9（2）：5319-5330.

[19] 单玉郎，文九巴，姚怀 . Gd 含量对 Mg-0.5Zn-0.4Zr-xGd 生物镁合金性能的影响 [J]. 材料热处理学报，2016，37（6）：21-26.

[20] 赵兵，韩少兵，贾长健，等 . Gd 对心血管支架用 Mg-Zn-Gd-Zr 合金的腐蚀性能的影响 [J]. 中国铸

造装备与技术，2017，（4）：7-10.

[21] 郑玉峰，顾雪楠，李楠，等．生物可降解镁合金的发展现状与展望[J]．中国材料进展，2011，30（04）：30-43＋29.

[22] 赵亚忠，马春华，仲志国，等．生物镁合金的合金化提高耐腐蚀性的研究现状[J/OL]．热加工工艺，2020（16）：41-44.

[23] 章晓波，毛琳，袁广银，等．心血管支架用 Mg-Nd-Zn-Zr 生物可降解镁合金的性能研究[J]．稀有金属材料与工程，2013，42（06）：1300-1305.

[24] 袁广银，章晓波，牛佳林，等．新型可降解生物医用镁合金 JDBM 的研究进展[J]．中国有色金属学报，2011，21（10）：2476-2488.

[25] 张佳，宗阳，袁广银，等．新型医用 Mg-Nd-Zn-Zr 镁合金在模拟体液中的降解行为[J]．中国有色金属学报，2010，20（10）：1989-1997.

[26] 张佳，宗阳，付彭怀，等．镁合金在生物医用材料领域的应用及发展前景[J]．中国组织工程研究与临床康复，2009，13（29）：5747-5750.

[27] 宗阳，牛佳林，毛琳，等．脉冲电化学沉积羟基磷灰石涂层改善 Mg-Nd-Zn-Zr 合金在模拟体液中的耐腐蚀性能[J]．腐蚀与防护，2011，32（06）：430-433＋437.

[28] 尹林，黄华，袁广银，丁文江．可降解镁合金临床应用的最新研究进展[J]．中国材料进展，2019，38（02）：126-137.

[29] Avedesian M M. Magnesium and Magnesium Alloy [M]. ASM Special Handbook. ASM International Materials Park, OH, 1999：194.

[30] 刘玉项，朱胜，韩冰源．金属镁电化学腐蚀阳极析氢行为研究进展[J]．材料工程，2020，48（10）：17-27.

[31] 陈振华．耐热镁合金[M]．北京：化学工业出版社，2007.

[32] Nakatsugawa I et al. Corrosion of Magnesium Alloys Containing Rare Earth Elements [J].　Corrosion Reviews，1998，1～2（16）：139～158.

[33] Zhang J H et al. Microstructures, tensile properties and corrosion behavior of die-cast Mg-4Al-based alloys containing La and/or Ce. Materials Science and Engineering A，2008，489：113-119.

[34] 周学华，卫中领，等．添加 RE 和 Mn 元素对 Mg-9Al 合金耐蚀性的影响[J]．轻合金加工技术，2006，34（10）：49-54.

[35] 周学华，张娅，卫中领，等．添加稀土元素对 AZ91D 镁合金腐蚀性能的影响[J]．腐蚀科学与防护技术，2009，21（02）：85-87.

[36] 刘斌，刘顺华，等．稀土在镁合金中的作用和影响[J]．上海有色金属，2003，1：27～31.

[37] Nakatsugawa I. Kamada S et al. Corrosion behavior of magnesium alloys containing heavy rare earth elements [C]. Proc 3rd Int. Magnesium corff. Manchester. The Institute of Materials，1997：687-698.

[38] 卫中领，黄亮，等．中国镁业发展高层论坛文集[C]．2004，341.

[39] 西野直久．高耐蚀性稀土沙圣④制造方法[P]．日本：2003166031A.

[40] Zhang J H, Niu X D, Qiu X, et al. Effect of yttrium-rich misch metal on the microstructures, mechanical properties and corrosion behavior of die cast AZ91 alloy [J]. Journal of Alloys and Compounds，JALCOM-1 7739：9.

[41] 内田良平，等．中国：1401805A[P]．申请号：02130182.4.

[42] 黄元伟，等．中国：CN1306052C[P]．申请号：ZL200510055930.8.

[43] Niu J X, Chen Q R, 等．Effect of combinative addition of strontium and rare earth element on corrosion resistance of AZ91D magnesium alloy [J]. Trans. Nonferrous Met, soc. China，2008，18：1058-1064.

[44] 张东阳，王林生，郭斗斗．稀土镁合金性能研究及应用［J］．材料导报，2015，29（S2）：514-516＋528.

[45] 樊建峰，杨根仓，程素玲，等．含Ca阻燃镁合金的高温氧化行为［J］．中国有色金属学报，2004，14（10）：1666-1670.

[46] Zeng X Q，Wang Q D，Lv Y Z，et al. Influence of beryllium and rare earth additions on ignition-proof magnesium alloys. Journal of Materials Processing Technology，2001，112（1）：17-23.

[47] 韩富银，田林海，梁伟，等．阻燃镁合金AZ91D-0.3Be-RE的研究［J］．材料热处理学报，2007，28（4）：26-29.

[48] 赵鸿金，张迎晖，康永林．稀土元素Ce对A291D镁合金燃点的影响［J］．轻金属加工技术，2008，36（2）：42.

[49] 邹永良，李华基，薛寒松，等．混合稀土对ZMS镁合金熔炼起燃点的影响［J］．重庆大学学报（自然科学版），2003，26（5）：33-36.

[50] 黄晓锋，周宏，何镇明．AZ91D加铈阻燃镁合金氧化膜结构分析［J］．中国稀土学报，2002（01）：49-52.

[51] 樊建峰，杨根仓，等．Mg-3.5Y-0.8Ca阻燃镁合金的表面氧化膜结构研究［J］．稀有金属材料与工程，2007，36（8）：1326.

[52] 赵阳，王志峰，孟宪阔，等．Mg-RE合金的阻燃能力研究［J］．中国铸造装备与技术，2010（05）：9-12.

[53] 周冰锋，闫洪，王涛．Y对AZ61镁合金阻燃及微观组织和力学性能的影响［J］．特种铸造及有色合金，2009，29（10）：895-897＋876.

[54] 秦林，丁俭，方正，等．Ca和Ce对工业纯镁阻燃性能和表面张力的影响［J］．河北工业大学学报，2013（5）：4014.

[55] Zhou H，et al. Effect of Ce addition on ignition point of AM50 alloy powders［J］．Mater Lett，2006，60：3238.

[56] 张津，章宗和．镁合金及应用［M］．北京：化学工业出版社，2004.

[57] 叶青．ZMTD-1S阻尼合金研制［D］．上海：上海交通大学，1988.

[58] 丁文江．镁合金科学与技术［M］．北京：科学出版社，2007.

[59] 任志远，范永革．镁合金的阻尼性能研究进展［J］．材料热处理，2006，35：64~67.

[60] 胡小石，张永锟，吴昆．A291D镁合金阻尼性能的研究［J］．功能材料，2004，35：2199~2201.

[61] Zhang X N. Effect of reinf or cements on damping capacity of puremagnesium［J］．J Mater Sci Lett，2003，22（7）：503.

[62] 李明，镁及镁-锆合金阻尼特性的研究［D］．上海：上海交通大学，1998.

[63] 纪仁峰，刘楚明，刘子娟，等．微量Ca对Mg-0.6% Zr合金力学性能及阻尼行为的影响［J］．材料科学与工程学报，2006，24：105~108.

[64] 林琳，王改芳，陈先毅，等．稀土元素Y对Mg-0.6%Zr合金力学性能与阻尼行为的影响［J］．铸造技术，2008（06）：769-772.

[65] 王建强，关绍康，王迎新．RE对Mg-8Zn-4Al-0.3Mn镁合金阻尼性能的影响［J］．材料科学与工程学报，2004（02）：280-283.

[66] 王建强，丁占来，关绍康，等．人工时效对RE变质ZA84镁合金力学性能与阻尼性能的影响［J］．热加工工艺，2006（02）：37-39.

[67] 祁庆琚，刘勇兵，杨晓红．稀土对镁合金AZ91D摩擦磨损性能的影响［J］．中国稀土学报，2002，20（5）：428-432.

[68] 马颖，任峻，陈体军，等．AZ9ID镁合金的摩擦磨损行为及其机理探讨［J］．兰州理工大学学报，2006（2）：33~36.

［69］ Blau P J，Waluka S M. Sliding friction and wear of magnesium alloy AZ91D produced by two different methods［J］. Tribology Intemational，2000（33）：573-579.

［70］ 秦臻，王渠东，叶兵. 镁合金摩擦磨损性能的研究进展［J］. 材料导报，2013，27（17）：134-137.

［71］ 王东，江野，贾少威，等. 稀土 Y 对 Mg-15Al 合金组织及摩擦磨损行为的影响［J］. 有色金属加工，2016，45（06）：23-28.

［72］ 祁庆琚. 含稀土镁合金的摩擦磨损性能［J］. 中国有色金属学报，2006（07）：1219-1226.